U0183987

陪 伴 女 性 终 身 成 长

家事大全

[日] 藤原千秋 编著

吴梦迪 译

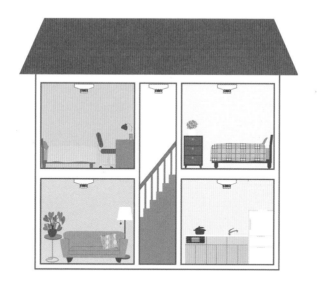

江苏凤凰文艺出版社
JIANGSU PHOENIX LITERATURE AND
ART PUBLISHING

● 前 言

不喜欢或者不擅长做家务？没关系！

这本书能让你轻松做家务、快乐做家务。

只要掌握书中的诀窍，

就能让你每天都过得轻松又舒适！

做家务，是让自己和家人拥有舒适的生活环境的必备工作。

但是，这并不意味着打扫、洗衣服或者其他家务是压在我们身上的超级任务，

做家务，完全没必要事事追求完美。

提升家务能力的首要秘诀是享受，

然后是在自己的能力范围内努力做好。

本书介绍的方法都很简单。

无论是想要开始认真做家务的人，

还是家务"小白"，都可以轻松实践。

除此之外，书中还总结了资深家庭主妇也不知道的家务小妙招。

总之，满满的都是让你轻松做家务、快乐做家务的干货。

首先，请从自己力所能及的事情开始，

按照自己的生活节奏，

和家务愉快、友好地相处吧！

藤原千秋

目 录

第 **1** 章　打扫的基本

第 2 章　收纳的基本

收纳的基本 …………………………………………… 76

第 **3** 章　洗衣、熨烫、缝纫的基本

<洗衣服>

第 4 章　房屋修理、修缮的基本

第5章 烹饪的基本

第6章 防灾、防盗以及避免意外的基本

< 防灾、防盗以及避免意外 >

家务小诀窍

轻松、愉快

打扫、洗衣服、做饭……家务是每天都要做的事情，要想轻松愉快，一定不能逞强。
如何在有限的时间内发挥最高的效率、如何与家庭成员分工合作，
只需要一点小巧思，就能事半功倍。

●将家务按周期分类：1日1次、1周1次、1季度1次或1年1次

洗衣服、简单的擦拭等每天1次，卫生间的打扫1周1次，洗衣机内部、橱柜深处、大扫除等1季度1次。将家务按周期分类不仅可以提高做家务的效率，还可以减轻压力。平日的家务如果做得够细致，那么季度大扫除就会变得非常轻松。

●规定做家务的时间

实在是挤不出时间做家务啊！如果你也有这样的烦恼，建议你制订每天的行程规划表。规划好时间后，自然就能避免浪费时间，同时也能让你逐步掌握按照自己的生活节奏做家务的诀窍。

●不要安排得太满，要预留缓冲时间

像大扫除这种工程浩大的家务，有时候会受一些突发情况或天气因素的影响。这时，如果你事先预留了缓冲时间，就会安心很多。规划的时候多留点余地，就不会给自己增加负担。也可以根据季节的变化，安排不同的家务。

●不要一个人埋头苦干，请家人协助和配合

哪怕是家庭主妇，也不要想当然地认为家务是自己一个人的工作，可以根据家庭成员的家务能力，让他们分担力所能及的家务。这样一来，既可以缩短做家务的时间，又可以空出时间来放松身心。千万别忘记保持生活的平衡。

1

家务年历

制作一份"家务年历",将每个季节的节日和要做的家务填进去。
这样就可以掌握一整年的家务安排,非常方便。
家务不要安排太多,精选几项当季该做的即可。

1 月

节 日 等	家 务
＊1日 元旦	●整理新年用品 ●整理贺年卡、通讯录等

2 月

节 日 等	家 务
＊3日 立春前一天 ＊14日 情人节 ＊孩子入学	●清理空调等(预防花粉症)

3 月

节 日 等	家 务
＊8日 妇女节 ＊12日 植树节	●准备春季衣物 ●准备种树用具

4 月

节 日 等	家 务
＊5日 清明节	●准备祭祀用品 ●准备春游用品 ●除湿对策

5 月

节 日 等	家 务
＊1日 劳动节 ＊4日 青年节 ＊第2个周日 母亲节	●检查雨水檐槽、雨具 ●整理衣柜 ●清洗冬季衣物

6 月

节 日 等	家 务
＊1日 儿童节 ＊入梅 ＊第3个周日 父亲节	●准备夏季衣物(换季) ●除湿对策(鞋柜、壁橱等) ●预防食物中毒(橱柜、餐具)

7 月

节 日 等	家 务
孩子暑假	●晾晒重要的衣物,以防虫蛀

8 月

节 日 等	家 务
孩子暑假	●防台风措施(检查设备等) ●清理空调

9 月

节 日 等	家 务
＊1日 孩子入学	●防灾措施(检查防灾用品、确认避难所等) ●收拾夏季衣物、准备秋季衣物

10 月

节 日 等	家 务
＊1日 国庆节	●准备冬季衣物(换季)

11 月

节 日 等	家 务
＊11日 "双11"购物节	●买日用品 ●洗窗帘 ●清理换气扇、空调

12 月

节 日 等	家 务
＊25日 圣诞节	●装饰、收拾圣诞节饰品 ●年终送礼、寄贺年卡 ●大扫除 ●为年末年初做准备

＊家务年历已根据中国国情进行相应调整。

本书的使用方法

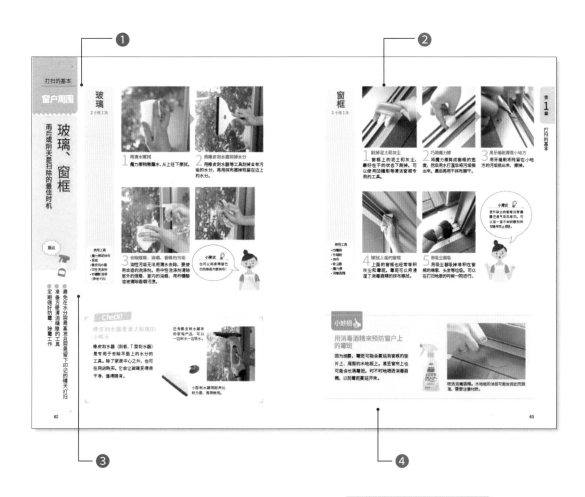

本书按照场所和家务种类总结了做家务的关键和方法。
参考步骤图，轻松舒适地做家务吧！

❶清晰明了地标出家务的地点、内容以及频率
❷通过实拍图片分步骤详细介绍
❸简单明了地标出要使用的工具
❹附加清扫秘诀和小妙招等

＊本书使用的产品并非特定产品。
＊请根据自己的家庭情况，合理使用本书中介绍的方法。

先确认房屋平面图

开始做家务之前先确认房屋平面图，有助于掌握家务的全貌。请在平面图上找出各区域需要做的家务。

第 **1** 章

打扫的基本

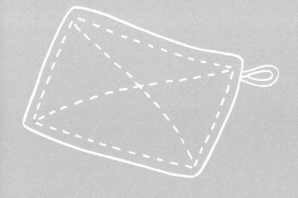

Cleaning

打扫的基本

打扫的目的是将房屋
从"脏乱不堪的状态"恢复成"清洁有序的状态"。
不要太贪心，先从短时间内就能完成的小范围开始。

❶ 制定目标

根据区域，设置不同级别的卫生标准。比如"平时生活的舒适程度""有客人到访时的清洁程度"，然后再按照各项标准进行打扫。

❷ 明确重点和目的

着手打扫前，先明确重点和目的。比如"今天打扫厨房""今天要除掉浴室的霉斑"。这样不仅目标明确更有动力，打扫结束后更能收获满满的成就感。

❸ 保持"小扫除"的习惯

相较于1年1次的终极大扫除，1年365次的轻松、快速"小扫除"更加省时省力，且能让家里一直保持干净。

一举两得

刷牙的同时，擦一下洗漱台；看电视的时候，擦掉遥控器上的污渍……做某件事的同时，清理相关的物品，能有效保持小范围内的清洁。

每天只打扫这些
也没问题！

随手清扫的建议

善用空闲时间

在播放电视广告的间隙，擦一下电视柜上的灰尘；在洗澡水变热前，冲洗墙上的水垢……要善用空闲时间。

顺便做一下

做菜的时候，顺便用湿抹布擦一下燃气灶周围；晾衣服的时候，顺便捡一下阳台的垃圾……只要顺便做一下小范围的打扫，就不会堆积太多污垢，打扫也会更加轻松。

各区域的污垢地图

一般导致房屋脏乱的因素大致可分为灰尘（棉絮、土）、水（水垢、矿物质）和油（油脂）。
脏乱的原因又因每个家庭、每个房间、每块区域而有所不同，
因此，每个家庭的去污方式也不尽相同。

浴室 ▶▶▶ P28

浴室的污垢中混杂着肥皂垢、水垢、霉斑、细菌等。选择合适的洗涤剂和打扫工具，让浴室保持干燥，避免出现霉菌。

厨房 ▶▶▶ P12

厨房各个区域的污垢性质不同，比如水池周围是水垢，燃气灶周围是油污。这两种污垢一旦长期堆积，就很难去除。

客厅 ▶▶▶ P50

客厅的主要污垢是日常生活中每天都会产生的灰尘。特别是墙壁和地面等面积大的区域，只要将这些地方打扫干净，就能让人眼前一亮。

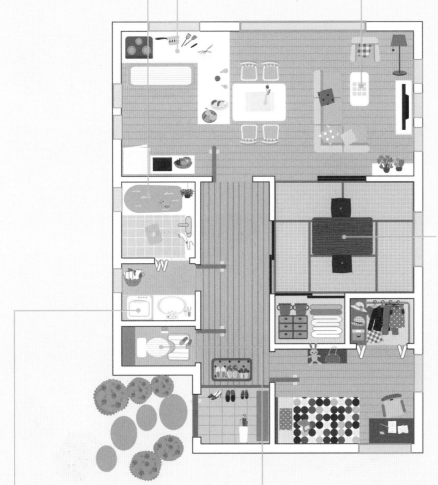

和室 ▶▶▶ P68

和室内有榻榻米、拉门、壁橱等，需要注意换气、干燥，避免发霉。榻榻米如果发黏，可以通过擦拭来清理干净。

洗漱间 ▶▶▶ P36

如果平时会在洗漱间脱衣服，那么灰尘和棉絮就很容易在这里堆积。它们和水混杂在一起之后，会难以去除，一定要经常清理。

卫生间 ▶▶▶ P40

除了马桶内部，地面和墙壁上的污垢也会造成异味。因此，即使没有明显的污垢，平日里也要勤加打扫。

7

需要准备的打扫工具

虽然统称为打扫工具，但具体什么地方该用什么工具，却令人十分头疼。
这里会不会被弄湿？那里会不会容易沾到油渍？
建议根据不同区域污垢的性质，选择不同的工具。

基本的打扫工具

吸尘器

用来打扫地板或地毯，非常
方便。

扫帚、掸子

材质多样，有天然材质的，
也有微纤维材质的。高处用
掸子，低处用扫帚。

静电除尘拖把、除尘刷

扫帚、抹布的代替品，这类
产品是一次性的。

厨房纸

优点是干净，且随用随丢。
尤其适合用来清扫厨房周边。

纤维抹布

推荐使用超细纤维材质的。
速干且用途广泛。如果经过
抗菌处理，还能防臭。

一次性抹布

用完即可丢掉的抹布，又称
懒人抹布。也可以用裁成小
块的碎布，或是吸水性较强
的纸。

海绵擦

吸水或沾洗涤剂后使用。主
要用于水槽周边。价格不一，
尺寸多样。

密胺海绵

三聚氰胺发泡制品。吸水后
使用。可迅速清除污垢。

刷子

用途、尺寸、价格多
样。主要用来清除用
水区域的污垢。

牙刷、棉签

用来清除附着在缝
隙、细沟里的污垢，
十分方便。也可以使
用牙缝刷。

报纸

可以用来代替地垫、
胶带纸、抹布等。用
途多样。

橡胶手套

使用酸性等强效洗涤
剂、冷水或热水时，
可以保护手。如果重
视透气性，也可以使
用白线手套。

鬃毛刷

相比普通的刷子，更
适合用来清扫大块的
污垢。主要用于厨房。

吸尘器的种类和护理方法

吸尘器的设计和功能五花八门，消费者一般会根据其吸力、设计和价格来选择。希望大家一定要重视日常使用时的便捷性，比如噪音、重量、收纳性、扔垃圾所需的成本和精力等，根据自己的实际情况慎重选择。

尘袋式吸尘器

清理垃圾方便，也不容易造成过敏。但是更换尘袋需要更多花费。

护理方法

1 尘袋装满后，小心地将它拿出来扔掉。

2 将滤芯拆卸下来的同时确认污垢的情况。

3 用牙刷刷掉滤芯上的灰尘。

4 将吸尘器头部的零件拆卸下来，去除缠绕在刷头上的垃圾。

5 用抹布等擦拭所有地方，然后等其完全干燥。

> **小建议**
> 使用吸尘器时，注意擦地的速度不要太快。每擦一个来回需要 5~6 秒，才能有效提升吸尘效果。

旋风式吸尘器

吸力强，不需要尘袋，比较经济。但是清理垃圾的频率要比尘袋式的高。

护理方法

1 小心地将尘杯拿出来，倒掉灰尘。

2 将滤芯拆卸下来，然后用抹布等细致地擦拭。

这些类型也很方便

除螨仪
可以吸除被褥上的螨虫（室内灰尘）。日晒无法将螨虫及其粪便等全部消灭，但除螨仪可以。

扫地机器人
可全自动清扫。外出时下达指令，让其工作，地面就会在你不在家时变干净，大大缩短打扫时间。

杆式吸尘器
多为充电式无线吸尘器。可以轻松打扫面积小的房间和楼梯。

巧妙地选择洗涤剂

屋子里有灰尘、水垢、油污和霉斑等各种类型的污垢。
可以根据每一种污垢的性质，选择对应的"最容易清理"的洗涤剂。
另外，还要能够分辨去污、除菌、漂白等不同作用的洗涤剂之间的不同。

根据污垢的种类，巧妙选择洗涤剂

日常打扫时，根据污垢的性质以及程度来选择洗涤剂，可以达到事半功倍的效果。

中性洗涤剂	弱碱性、碱性洗涤剂	弱酸性、酸性洗涤剂	去污粉（含研磨剂）
●效果 对目标清洗物温和无害。无论 pH 值是多少，都可以广泛用于轻度污垢。 ●使用方法 用于浴室等房屋的各个区域。如果要清洗餐具或蔬菜，可选择厨房专用洗涤剂。	●效果 主要用于去除酸性的油污。 ●使用方法 直接喷洒或涂抹在油污上。多用于厨房。	●效果 主要用于去除肥皂垢、水垢、马桶内的黄色污垢等。 ●使用方法 直接喷在污垢上。多用于卫生间、浴室等用水的地方。	●效果 可以去除顽固的黏着物、焦垢、锈渍等。 ●使用方法 涂抹在目标清洗物上，然后用海绵擦或鬃毛刷将污垢刷下来。多用于厨房。

Check!

环保又不伤害皮肤的天然洗涤剂

推荐使用由天然原材料制成的洗涤剂，它们不仅环保，还不会伤害皮肤。使用得当，可获得超乎想象的效果。

小苏打

呈弱碱性，可用来去除油污等，是常用的去污粉之一。

柠檬酸

成分和醋相同，可有效去除水垢等。酸性比醋强，且无异味。

肥皂（天然肥皂）

可以强效去除水垢和油渍。它是一种表面活性剂，可以让污垢浮起来再包裹住，然后去除。

去除污垢颜色的漂白剂

漂白剂的作用不是去污，而是利用各种化学反应分解污垢的色素。
同时还可以杀菌，并让霉斑褪色，因此漂白剂也常用作除霉剂。使用时请戴好橡胶手套。

氧系漂白剂

●特征
粉状（过碳酸钠）呈弱碱性。液体（过氧化氢水溶液）呈酸性。
●效果
利用活性氧的氧化能力，强力分解污垢的色素，将其隐藏起来。
●使用方法
用水稀释后，将衣服或餐具放入其中浸泡。也可以将其调成糊状，用来除霉。

氯系漂白剂

●特征
主要成分是次氯酸钠。呈强碱性。
●效果
具有强大的氧化作用、漂白作用和杀菌作用。是具有代表性的家用杀菌剂。
●使用方法
请务必单独使用。用水稀释后，将餐具等放入其中浸泡。喷雾型的可直接喷洒在目标物上。

还原型漂白剂

●特征
主要成分是连二亚硫酸钠、二氧化硫脲。呈弱碱性。
●效果
可以有效解决氧系漂白剂造成的泛黄问题，也能有效去除铁锈。
●使用方法
溶于40℃左右的温水中，然后将衣服等浸泡在其中，或直接涂在目标物上。

不同用途的功能型洗涤剂和防污剂

除了平常使用的洗涤剂外，还有各种专用的功能型洗涤剂和防污剂。
清除顽固污渍，或进行每年几次的特殊保养时，推荐使用。

●针对排水口

除菌剂

可以消除排水口的黏液、细菌和臭味。

●针对霉斑

消毒酒精

可以去除霉菌，杀菌效果非常好，但没有漂白效果。

●针对窗户玻璃和镜子上的污垢

玻璃洗涤剂

具有出色的速干性，不用擦拭第二遍。

●针对地板上的污垢

地板蜡

天然地板蜡比较方便，既可以用于地板防污，也不影响打扫。

Check!

氯系漂白剂和酸性洗涤剂混合后有危险

以次氯酸钠为主要成分的氯系漂白剂上，通常会有"危险！请勿混合"的标识。它不仅意味着不可以将不同的洗涤剂混合到一起，还意味着不可以在残留有氯系漂白剂成分的状态下，使用其他洗涤剂（特别是醋、柠檬酸等酸性洗涤剂）。这一点事关生命安全，请务必注意！

厨房

在厨房，水池周围和燃气灶周围的污垢性质是不同的。
如果污垢长期堆积，日后清理起来会比较麻烦。
因此，最好养成每天清理的习惯。

水池周围

水槽 ▶▶▶ P14

有需要清洗的餐具时，注意及时清洗不要堆积。还要养成洗完碗后快速清理水槽的习惯。

水龙头周围 ▶▶▶ P15

每次用沾了水的手去碰触水龙头，上面就会留下水渍，最终形成水垢。想让水龙头保持干净，关键在于保持干燥。

排水口 ▶▶▶ P14

不要将厨余垃圾堆积或留在水槽过滤网内。频繁细致的除菌工作可以预防霉斑和滑腻。

水槽下方 ▶▶▶ P15

存放调料和食用油的地方容易产生污垢。可以使用洗涤剂或消毒酒精快速将其擦拭干净。

燃气灶周围

面板 ▶▶▶ P16

一旦出现附着物或焦渍，就立即用抹布等将其擦掉，不要放任不管。

火盖、炉架、接水盘 ▶▶▶ P16~17

易清洗的部分，用热水和中性洗涤剂清洗。细小地方用牙刷或火盖刷刷干净。

烤箱 ▶▶▶ P18~19

使用完之后，应立即清洗。洗不掉的污垢可以用小苏打或热水进行清洗。

排气扇

排气扇 ▶▶▶ P20

抽油烟机需要勤打理。内部的风扇部分要趁污垢没有堆积太多的时候及时清理。

其他厨房家电等 ▶▶▶ P223

厨房的打扫计划

打扫频率	打扫范围		所需工具
随时	水槽周围	水槽	中性洗涤剂、海绵擦、抹布
		排水口	中性洗涤剂、氯系漂白剂、牙刷
		水龙头周围	中性洗涤剂、柠檬酸溶液、牙刷、抹布
	燃气灶周围	玻璃面板	专用洗涤剂、抹布、保鲜膜
		炉架、接水盘	中性洗涤剂、牙刷、海绵擦
		烤箱接水盘、烤网	中性洗涤剂、小苏打、牙刷、海绵擦
		烤箱内部	小苏打溶液、海绵擦、一次性抹布、抹布
		燃气灶和烤箱的旋钮	弱碱性洗涤剂、一次性抹布
	地板、墙壁、瓷砖	地板	弱碱性洗涤剂、抹布或碎布、密胺海绵、保鲜膜
		瓷砖墙	中性洗涤剂、弱碱性洗涤剂、抹布、厨房纸
1 周 1 次	燃气灶周围	面板	弱碱性洗涤剂、一次性抹布、密胺海绵
		火盖	中性洗涤剂、火盖刷、一次性抹布
1 个月 1 次	排气扇	抽油烟机（外侧）	弱碱性洗涤剂、一次性抹布、橡胶手套
	地板、墙壁、瓷砖	地砖	弱碱性洗涤剂、牙刷、海绵擦
3 个月 1 次	水槽周围	水槽下方	弱碱性洗涤剂、消毒酒精、一次性抹布
1 年 1~2 次	排气扇	抽油烟机（外侧）、多叶片式风扇	弱碱性洗涤剂、一次性抹布、橡胶手套
		螺旋桨式风扇	碱性洗涤剂或氧系漂白剂、牙刷、一次性抹布、橡胶手套
1 年 2 次	排气扇	油烟过滤网（金属网）	碱性洗涤剂、氧系漂白剂、牙刷、抹布、橡胶手套

厨房

水槽周围

勤洗勤擦，不留污垢

重点

保持干净的秘诀是及时清洗、不积攒

每天洗完碗之后都要顺便清理水槽

为排水口除菌，可以去除污垢，避免滑腻

水槽

随时

使用工具
- 中性洗涤剂
- 海绵擦
- 抹布

1 先清洗用过的餐具
水槽中堆放用过的餐具，或者残留水分，都会让水槽周围堆积污垢。养成用完餐后立即清洗餐具的习惯。洗完后，再清理一下水槽周围。

2 清洗整个水槽
准备一块清洗水槽的海绵擦，倒上洗碗时使用的中性洗涤剂清洗整个水槽。冲刷干净后，用抹布将水擦干就更完美了。

排水口

随时

使用工具
- 中性洗涤剂
- 氯系漂白剂
- 牙刷

建议每天睡前进行清洗，还可以去除异味！

1 倒掉垃圾
排水口的污垢主要是由水槽过滤网中残留的厨余垃圾造成的。建议及时清理，不要堆积。

2 清洗水槽过滤网
用牙刷和中性洗涤剂将水槽过滤网刷干净。重点是将卡在细小网眼中的污垢清洗干净。

3 用漂白剂杀菌
为了防止污垢黏着在水槽过滤网上，冲掉洗涤剂后，可以在上面喷洒氯系漂白剂进行杀菌。该步骤每天1次即可。

避免藏污纳垢的小妙招

使用一次性的三角形沥水篮保持干净

三角形沥水篮可用来扔蔬菜果皮或剩菜剩饭。但事实上，它也是水槽滋生霉斑、变得滑腻的一大原因。市售的三角形沥水篮有各种各样的材质，但出于卫生层面的考虑，建议选择可以直接扔掉的一次性三角形沥水篮或沥水网。

纸制沥水篮，价格非常便宜。现在也有网状的沥水篮，价格更加便宜。

水龙头周围
随时

1 检查污垢
每次洗东西都会溅到水珠的水龙头及其手柄附近，有很多手印、水垢和细菌。每天都需要清理。

2 水垢要随时顺手擦掉
水垢产生后，如果对它置之不理，就会变成顽固污渍。但如果只是轻微的污垢，每天只需要用干抹布等擦拭1次，就可以轻松去除。

3 如果凝固，就用柠檬酸
水垢"石化"之后，就算用牙刷和中性洗涤剂刷，也很难去除。此时，可以在上面喷一点柠檬酸溶液，将其软化之后再用抹布擦掉。

使用工具
• 中性洗涤剂
• 柠檬酸溶液（参考 P25）
• 牙刷
• 抹布

遇到顽固污渍，就喷溶液。

4 擦亮
冲洗干净之后，一定要擦干。擦的时候请选择柔软的抹布，稍微用点力就可以让水龙头光亮如新。

5 清洗伸缩龙头
伸缩龙头可以冲洗水槽的各个角落，非常方便。但是它的软管部分很容易堆积污垢，需要经常用牙刷清理。

6 用干抹布擦干后再收起来
和水龙头一样，冲洗干净之后，一定要用干抹布擦干。充分干燥后再收起来，以免产生霉斑。

水槽下方
3个月1次

使用工具
• 弱碱性洗涤剂
• 消毒酒精
• 一次性抹布

油性污垢

水溶性污垢

1 喷洒洗涤剂
如果沾上了油性污垢，要在物品上喷洒弱碱性洗涤剂，将其分解后擦掉。

2 用抹布擦掉
如果遇到顽固油污，可以先在上面铺一块一次性抹布，再在抹布上喷洒弱碱性洗涤剂进行湿敷。等污垢分解后再擦掉。

用消毒酒精湿敷
调料、霉斑等造成的污垢，喷上消毒酒精后擦掉即可。如果遇到顽固污垢，可以先在上面铺一块抹布，再在抹布上喷洒消毒酒精进行湿敷。等污垢分解后再擦掉。

厨房

燃气灶周围

趁余热尚未退散时进行清理

重点

利用余热或热水去除油污

黏着物和焦渍应尽早清理

打扫得越勤，日后就越轻松

面板

1周1次

使用工具

- 弱碱性洗涤剂
- 一次性抹布
- 密胺海绵

1 拆下炉架后再擦拭

使用过后，趁余热尚未退散时快速擦拭。注意不要烫伤。如果油污较严重，可以先拿掉炉架，再在上面喷洒弱碱性洗涤剂，之后再用一次性抹布等擦拭干净。

2 用密胺海绵刷

黏着物和焦渍如果不及时清理，就会变得很难去除。针对连洗涤剂都无可奈何的污垢，可以用密胺海绵等用力刷掉。

玻璃面板

随时

禁止使用刷帚等会造成划痕的工具

使用工具

- 专用洗涤剂
- 抹布
- 保鲜膜

1 用保鲜膜轻轻擦拭

一般来讲，在还有余热的时候，用湿抹布擦干净即可。如果有明显的污垢，可以将专用洗涤剂或去污霜倒在保鲜膜上，然后在污垢处轻轻打转将其去除。

2 擦掉洗涤剂

擦掉洗涤剂后，再用柔软的干抹布擦一遍，以免洗涤剂或研磨剂残留在玻璃面板上。

火盖

1周1次

使用工具

- 中性洗涤剂
- 火盖刷
- 一次性抹布

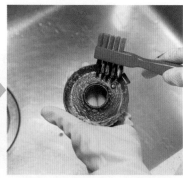

1 用火盖刷清理

火盖如果被污垢堵塞住，就会影响火力。先将内火盖取出，再用火盖专用的金属刷进行清理。

2 配合使用中性洗涤剂

如果污垢比较顽固，可使用中性洗涤剂清洗。洗完后，用清水冲洗干净，再擦干水渍。等彻底干燥后，装回原位。

炉架、接水盘

随时

使用工具
- 中性洗涤剂
- 牙刷
- 海绵擦

1 配合使用中性洗涤剂

将炉架和接水盘拆下来，然后用中性洗涤剂和海绵擦刷洗干净。

2 细小地方用牙刷刷

细小地方的附着物和焦渍可以先用热水或洗涤剂软化，再用牙刷刷下来。

Check!

这些方法简单又有效

无须将炉架移到水池中

在炉架上喷洒弱碱性洗涤剂，然后用一次性抹布擦掉即可。也可以使用碳酸氢三钠苏打。

用密胺海绵刷

无须洗涤剂，只用清水即可刷掉。而且不用冲洗，可以缩短打扫时间。

小妙招 👍

用煮沸的小苏打溶液去除顽固焦渍和污垢

连中性洗涤剂都束手无策的顽固焦渍和污垢，可以用煮沸的小苏打溶液去除。在珐琅或不锈钢制的大锅（铝锅会发黑，所以不要用）内加入 1L 水和 1~2 大勺小苏打，开火煮。待沸腾后，将外火盖或炉架放进去（注意不要烫伤），煮 5 分钟左右。然后关火冷却后拿出来，用海绵擦轻轻一刷，就能变干净。

将燃气灶上的小零件放入煮沸的小苏打溶液中，会更容易去除顽固焦渍和污垢。

烤箱接水盘、烤网

随时

1 使用后立即放入水槽

烘烤食物后流出来的油脂或汤汁会黏着在上面，形成污垢和焦渍，而且时间越久越难以清除。因此，用完后请务必放入水槽立刻清洗。

2 用起泡后的中性洗涤剂清洗

趁余热还未散去时，用起泡后的中性洗涤剂快速将污垢洗掉，然后用热水冲洗干净。

3 清理接水盘的角落和网格的边角

接水盘的四个边角和烤网的角落容易堆积油脂和焦渍。可以用牙刷将这些地方刷干净。

使用工具
- 中性洗涤剂
- 小苏打
- 牙刷
- 海绵擦

4 用小苏打和热水软化污垢

当遇到顽固污垢，仅靠洗涤剂无法去除时，就倒点小苏打和热水，静置片刻后，用海绵擦刷干净。

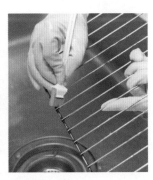

使用专用工具

如果洗涤剂和小苏打都无法去掉顽固污垢，就使用烤箱专用的研磨工具。

使用时

小建议

在使用烤箱时，在接水盘中同时加入水和1大勺小苏打，会让清洗变得更轻松。

👍 小妙招

用搓圆的锡纸团去除焦渍

烤网上的焦渍，可以用锡纸团（将锡纸揉成一团）擦掉。用完即扔，非常方便。锡纸团可以使用做菜时用过的锡纸制作，以免浪费。

用锡纸团清理时，会发出刺耳的声音。不习惯的人可以加上少许中性洗涤剂后再刷。

烤箱内部

随时

使用工具
- 小苏打溶液（参考 P24）
- 海绵擦
- 一次性抹布
- 抹布

1 喷洒小苏打溶液
等烤箱内温度降下来之后，在烤箱内喷洒小苏打溶液。

2 用海绵擦擦拭
待污垢软化之后，用偏硬的海绵擦擦拭。

3 将烤炉内部擦干净
残留水分，可能会导致烤箱出现故障。先用一次性抹布将污垢和水分都擦掉，再用干抹布擦拭一遍。

燃气灶的旋钮和烤箱

随时

使用工具
- 弱碱性洗涤剂
- 一次性抹布

1 喷湿抹布后擦拭
燃气灶的旋钮容易沾上手印和油渍。先用弱碱性洗涤剂喷湿抹布。

旋钮缝隙内的污垢用棉签等清理。

2 擦拭旋钮
用湿抹布擦拭一遍后，再用清水擦一遍就完成了。

3 把手附近的污垢也用同样的方法清理
除了油污之外，烤箱把手上还容易沾上汤汁。清理时，也要先在抹布上喷洒弱碱性洗涤剂，然后再擦拭。

避免藏污纳垢的 小妙招

设置专门的收纳场所，常备打扫工具

以"不堆积污垢"为目的的打扫很难坚持。可以在厨房的某个角落或别的地方设置一块专门存放抹布、报纸、棉签等的收纳场所。这样一来，发现污垢时就能马上拿来使用，让厨房保持干净。

燃气灶的旋钮周围、缝隙等小地方，可以用棉签来清理，十分方便。

洗车毛巾既牢固，又可水洗，十分方便。可以用来代替一次性抹布。

厨房

排气扇

建议在容易泛油的夏季清理

重点

容易打理的抽油烟机外侧要勤加打扫

顽固油污要花时间清理

比起年末，气温高的夏季清理起来更轻松

抽油烟机（外侧）、多叶片式风扇

1 个月 1 次（外侧）、
1 年 1~2 次（风扇）

使用工具

• 弱碱性洗涤剂
• 一次性抹布
• 橡胶手套

1 勤加擦拭抽油烟机外侧

用弱碱性洗涤剂喷湿抹布后，擦拭抽油烟机外侧，再用清水擦拭一遍。

2 谨防内侧滴油

随着油的堆积，抽油烟机内侧的边缘部位容易滴油。可以用沾了碱性洗涤剂的抹布按压住，等其软化后擦掉。

3 卸下风扇

拧开多叶片式风扇的螺丝时，要先确认顺序和方向。拧下来后清点好数量保管起来，以免丢失。谨记一定要先切断电源。

4 最好浸泡一段时间后再洗

多叶片式风扇形状复杂，建议浸泡一段时间后再洗。先将弱碱性洗涤剂倒入 40℃ 左右的热水中，再把风扇放入其中浸泡一会儿。只需这样，风扇就能轻松变干净。

小建议

多叶片式风扇是比较锋利的金属制品，可能会割伤手。清理时要戴好橡胶手套。

Check!

多叶片式风扇的清理也可以委托专业的公司

多叶片式风扇功能强，声音小。但同时它的构造也决定了可以清理的范围有限。如此复杂的设备，可以委托专业的公司来清理。一两年清理一次即可。

抽油烟机　　多叶片式风扇

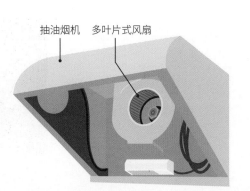

螺旋桨式风扇

1 年 1~2 次

使用工具

- 碱性洗涤剂或氧系漂白剂
- 牙刷
- 抹布
- 橡胶手套

1 喷洒洗涤剂

将螺旋桨式风扇卸下来，放入水池，喷洒碱性洗涤剂。也可以用氧系漂白剂浸泡之后再洗。

2 用抹布连带着泡沫一起擦干净

静置 30 分钟左右，等污垢软化后，用抹布等连带着泡沫一起擦干净，再用热水冲洗一遍。角落的污垢可以用牙刷等来清理。

3 待彻底晾干之后再装回去

清洗干净的螺旋桨式风扇一定要彻底晾干之后，再装回去。螺丝可以放入装有洗涤剂的瓶子里，摇晃几下，清洗干净。

油烟过滤网（金属网）

1 年 2 次

使用工具

- 碱性洗涤剂
- 氧系漂白剂
- 牙刷
- 橡胶手套

油烟过滤网是抽油烟机的金属网。

1 将油烟过滤网卸下来

过滤网上有油，比较滑，容易割伤手，清理前一定要戴好橡胶手套。卸下来后，将螺丝放入装有碱性洗涤剂的瓶子里，摇晃几下，清洗干净。

2 用漂白剂浸泡

将过滤网放入水槽或垃圾袋等中，然后撒入氧系漂白剂，加入热水，浸泡 1 小时左右。

3 将污垢刷掉

等污垢浮出来后，用牙刷等工具将其轻柔地刷掉。最后用热水冲洗一下，等其彻底晾干之后再装回去。

避免藏污纳垢的 小妙招

用碳酸氢三钠溶液顺便清理

就算已经很勤奋地打扫了，每次做菜还是会留下污垢，这就是厨房。碳酸氢三钠苏打是一种非常方便的洗涤剂，只要喷一下，擦一下，就可以轻松消灭油污。它比小苏打更易溶于水，不需要再次擦拭，只要制作好后装入喷雾瓶中，就可以轻松打理厨房，让厨房保持干净、整洁。

油污多的地方要勤勤擦！

碳酸氢三钠喷雾就是为懒人量身定制的小帮手。制作方法参考 P25。

地板、墙壁、瓷砖

及时清理不拖延

重点

- 做完饭后立即擦拭，即可将污垢擦掉
- 拖鞋底也要时刻保持干净
- 污垢堆积后，还可能引来害虫

地板
随时

地板

厨房地垫下面也不要放过！

1 1天擦1次，保持干净
脏乱的地板是蟑螂的温床，非常不卫生。建议每天晚上都用清水擦拭一遍，保持干净。

2 拖鞋底也要擦
就算把地板打扫干净了，如果拖鞋底脏的话，也还是会造成满地的污垢。所以地板和拖鞋需要同时擦干净。

角落和边缘部分

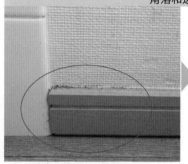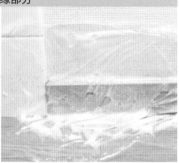

1 用喷了洗涤剂的抹布擦拭
地板的角落和边缘部分容易沾染并堆积含油的灰尘。可以用喷了弱碱性洗涤剂的抹布将其擦掉。

2 湿敷配合密胺海绵
如果形成顽固污垢，可以直接在污垢上喷洒弱碱性洗涤剂，然后铺上保鲜膜等进行湿敷，等污垢软化之后，再用密胺海绵将其擦掉。

使用工具
- 弱碱性洗涤剂
- 抹布或碎布
- 密胺海绵
- 保鲜膜

小妙招

用碳酸氢三钠溶液 + 薄荷油防治蟑螂

碳酸氢三钠溶液十分适合用来清理油污较多的厨房地板。加入少量虫子讨厌的薄荷油，利用喷雾瓶进行喷洒，还可以发挥防治蟑螂的功效。

每250ml 碳酸氢三钠溶液添加10滴左右的薄荷油。碳酸氢三钠溶液的制作方法参考 P25。

瓷砖墙

随时

使用工具
- 中性洗涤剂
- 弱碱性洗涤剂
- 抹布
- 厨房纸

1 用湿润的抹布擦拭
做菜时飞溅出来的油或调料等，做完菜后应立即用湿抹布擦掉。

2 加入中性洗涤剂
如果遇到稍微顽固的污垢，擦拭的时候，可以在清水或热水中加入几滴中性洗涤剂，污垢更容易脱落。

3 用弱碱性洗涤剂湿敷
如果遇到棘手的顽固污垢，可以先用弱碱性洗涤剂和厨房纸湿敷一会儿，等污垢浮出来软化后再擦掉，这样会容易很多。

地砖

1个月1次

使用工具
- 弱碱性洗涤剂
- 牙刷
- 海绵擦

1 注意地砖缝隙的污垢
地砖防水性强，也不容易有刮痕，打扫起来很方便，轻微的污垢只需用清水擦拭即可。但是，如果长时间不清理，缝隙上就会沾上霉斑和污垢，变得难以清理。

2 像刷牙一样地刷
缝隙内出现污垢后，可以在牙刷上倒点弱碱性洗涤剂，然后像刷牙一样地将其刷掉。

3 将整片地砖擦一遍
最后，在整片地砖上喷洒弱碱性洗涤剂，并用海绵擦擦一遍。之后，再用清水擦一遍，污垢就不见了，整个地面也会变得干净明亮。

小妙招 👍

用消毒酒精让厨房保持干净明亮

厨房的污垢主要是油污和调料造成的水溶性污垢。这两种污垢都可以用消毒酒精去除。消毒酒精不仅可以达到清洁的目的，还能起到杀菌、除菌的作用，而且不需要用清水擦拭。但使用时一定要远离明火，以免发生火灾。

因为是酒精，所以在卫生层面上也可以放心。

以消毒酒精为主要成分的洗涤剂对家务入门者十分友好。

专栏 　打扫厨房的好帮手！

使用天然洗涤剂

小苏打、柠檬酸等材料安全又环保，特别适合用来打扫与食物打交道的厨房。如果家里有小孩或宠物，则建议在厨房以外的所有地方都使用。不妨了解一下这些天然洗涤剂的基础知识，挑战一下纯天然打扫。

了解各种天然洗涤剂，好用又实惠

选用天然洗涤剂，即使家里有小孩或宠物，也不用担心发生意外。如果能运用自如，还可以省去购买各种用途的洗涤剂的钱，非常经济实惠。

碳酸氢三钠溶液

●特征
主要成分是碳酸氢三钠。呈弱碱性（pH9.6~10），易溶于水。

●使用方法
一般会制成水溶液，然后装入喷雾瓶，用来擦拭室内污垢。

小苏打

●特征
碳酸氢钠。呈弱碱性（pH8），可以中和酸性油污，消除异味。还具有除湿、研磨的作用。

●使用方法
粉末状的可直接用于水池，胶状的可用于排气扇，5% 水溶液可以用来擦拭等。

用水稀释，做成喷雾

将小苏打、碳酸氢三钠、柠檬酸等制成水溶液后，可以大大提升打扫的便捷性。它们能够去除的污垢种类各不相同，所以必须先了解它们各自的特征，然后再有针对性地使用。学习使用不伤害皮肤又环保的天然材料吧。

小苏打溶液

●制作方法
在喷雾瓶中加入 500ml 水和 1 大勺小苏打后，摇晃使其充分混合。

●使用期限
1 个月

●特征
小苏打本身是一种食品添加剂，十分安全。可以用来清除厨房的油污，以及锅上的焦渍（加热洗）等。

●避免使用的地方
实木地板、榻榻米。

柠檬酸

●特征

水溶液呈弱酸性，pH2.1。易溶于水，但它和醋不一样，不易挥发。且没有像醋那样刺激的气味。

●使用方法

可以用来去除厨房、浴室、洗脸台等地方的水垢以及凝固的石灰垢等。

消毒酒精

●特征

可作医用消毒，酒精浓度多为 75% 或 95%。挥发性强，具有亲油性和亲水性，还能杀菌。

●使用方法

可用于冰箱内部的清理除菌、壁橱和结露的窗户的除霉以及油污的清理。

肥皂

●特征

主要成分是脂肪酸钾和脂肪酸钠 。是一种表面活性剂，可以将油或含油的污垢溶于水中。

●使用方法

常用来清理厨房油污以及打扫家具等，使用前先用海绵擦等起泡。

市面上以酒精为主要成分的洗涤剂也很好用。

注意事项
• 具有挥发性和可燃性，使用时严禁明火 • 不能用于皮革、苯乙烯、烤漆、打过蜡的地板等 • 不要大量喷洒 • 放置在孩子碰不到的地方

碳酸氢三钠溶液

●制作方法

在喷雾瓶中加入 500ml 水和 1 小勺碳酸氢三钠苏打后，摇晃使其充分混合。

●使用期限

1~2 个月

●特征

可以中和、分解油污以及孩子吐奶等产生的蛋白质污垢。常用来清洁开关面板和燃气炉周围。

●避免使用的地方

铝制品、木制品（原木）、榻榻米。

柠檬酸溶液

●制作方法

在喷雾瓶中加入 500ml 水和 1 小勺柠檬酸后，摇晃使其充分混合。

●使用期限

1 个月

●特征

可以溶解水垢等矿物质污垢，也可以中和厕所中氨气的臭味等。

●避免使用的地方

大理石。如用在金属上，则必须用清水冲洗干净。

浴室、洗漱间、卫生间

出水口周围的脏污除了水蒸气之外，
还有棉絮、尘土、肥皂渍、化妆品、霉斑和细菌等各种污垢。
打扫这些地方时，一定要用心做好清洁。

浴室

浴缸、浴缸盖 ▶▶▶ P28

用中性洗涤剂、海绵擦或刷子打扫，防止滋生霉斑。

排水口 ▶▶▶ P30

不要堆积头发，可以使用一些方便的小工具。

地面、墙壁 ▶▶▶ P31~32

最重要的是除湿。洗完澡、打扫完之后，要立即让它变干燥。

门、天花板、排气扇 ▶▶▶ P34~35

认真做好除尘、防霉工作。

镜子 ▶▶▶ P33

溅到水珠后立即擦掉，以防形成白色污垢。也可以使用柠檬酸清理。

花洒等 ▶▶▶ P33

灵活使用柠檬酸，防止形成水垢。

水龙头 ▶▶▶ P36

区分单冷龙头和冷热混合龙头，分别仔细清理污垢。

洗漱间周围

洗脸台、水龙头 ▶▶▶ P36

平时打扫时，用水即可。如果有污垢堆积，可使用中性洗涤剂清理。

排水口 ▶▶▶ P37

及时清理垃圾，擦掉水滴，防止生成水垢。

洗脸台下方 ▶▶▶ P39

洗脸台的污垢主要来源于灰尘和头发。要想保持干净整洁，必须勤打扫。

地面、地垫 ▶▶▶ P38~39

用吸尘器扫除垃圾。地垫需要保持干燥，以防霉斑。

卫生间

马桶 ▶▶▶ P40

尽可能每天都用中性洗涤剂和刷子等清理。

水箱 ▶▶▶ P41

霉斑和铁锈等会直接影响马桶的干净程度，需定期检查。

地面、墙壁 ▶▶▶ P42

这两个地方出乎意料地很容易有异味。不要疏忽，定期清理。

厕纸架、马桶坐垫 ▶▶▶ P44

勤更换。脏了之后要洗干净。

浴室、洗漱间、卫生间的打扫计划

打扫频率	打扫范围		所需工具
随时	浴室	浴缸	中性洗涤剂、海绵擦、长柄刷子
		排水口	中性洗涤剂、氯系漂白剂、牙刷
	洗漱间	洗脸台	中性洗涤剂、海绵擦、抹布
		排水口	氯系漂白剂、管道疏通剂、牙刷、抹布
	卫生间	马桶	中性洗涤剂、马桶刷、一次性抹布
1 周 1 次	浴室	浴缸盖	中性洗涤剂、海绵擦、刷子
		水龙头	中性洗涤剂、牙刷、海绵擦、抹布
		镜子	柠檬酸溶液、海绵擦、抹布
		瓷砖（缝隙）	氯系漂白剂、牙刷
		墙壁	中性洗涤剂、氯系漂白剂、海绵擦
		地面	中性洗涤剂、氯系漂白剂、刷子、海绵擦、垃圾袋、抹布
		浴室小物件	中性洗涤剂、柠檬酸溶液、海绵擦
	洗漱间	水龙头	柠檬酸溶液、牙刷、抹布
		镜子	柠檬酸溶液、抹布
		地面	密胺海绵、抹布、吸尘器
		地垫（清洗）	洗衣液、洗衣机
	卫生间	地面	中性洗涤剂、一次性抹布、密胺海绵
		墙壁	中性洗涤剂、抹布
		门	中性洗涤剂或柠檬酸溶液、抹布
		厕纸架	消毒酒精、一次性抹布
		马桶坐垫、地垫	洗衣液
1 个月 1 次	浴室	置物架	中性洗涤剂、牙刷、海绵擦
		花洒	柠檬酸溶液、牙刷、牙签、抹布
		门	去污粉、牙刷、海绵擦
		天花板	消毒酒精、抹布
		排气扇	中性洗涤剂、牙刷、抹布、吸尘器
	卫生间	智能马桶冲洗器喷嘴	柠檬酸、牙刷、牙签
		智能马桶的操作面板	柠檬酸溶液、抹布、报纸、牙刷
		水箱、接水盆	柠檬酸溶液、抹布、砂纸、刷子
3 个月 1 次	洗漱间	洗脸台下方	消毒酒精、抹布
		置物架	消毒酒精、一次性抹布或抹布
1 年 1 次	卫生间	排气扇	消毒酒精、牙刷、抹布、吸尘器

浴室

重点

浴缸、浴缸盖和水龙头

去污、防霉，双管齐下

- 打扫浴缸的最佳时间是刚洗完澡后
- 不要让浴缸盖的缝隙积攒污垢
- 水龙头的污垢很难看到，尤其需要注意

浴缸
随时

使用工具
- 中性洗涤剂
- 海绵擦
- 长柄刷子

1 放掉洗澡水后，立即冲洗干净
打扫浴缸的最佳时间是刚洗完澡后，此时污垢最容易浮起来。放掉洗澡水之后，先把残留在底部的头发和水垢冲洗掉。

2 按外侧、内侧、底部的顺序清理
将浴池专用的中性洗涤剂倒在海绵擦上，然后轻轻地擦拭。底部和角落容易产生滑腻，清理时需要特别细致。

3 将洗涤剂冲洗掉
如果洗涤剂残留，浴缸可能会产生污渍或色素沉着。必须用清水将泡沫和洗涤剂彻底冲刷掉。这样还有利于浴室降温，从而防止发霉。

不弯腰也能轻松够到。

小建议
膝盖痛或腰痛的人，可以使用长柄刷子。

浴缸盖
1周1次

使用工具
- 中性洗涤剂
- 海绵擦
- 刷子

1 清洗水垢和滑腻
直接在浴缸盖上喷洒中性洗涤剂，然后用海绵擦擦拭一遍，并将堆积在缝隙中的水垢和滑腻擦掉。之后再用清水冲洗，让其彻底干燥。

2 用刷子清理缝隙
如果是折叠式的浴缸盖，要用刷子清理缝隙。尤其需要注意，没冲洗干净或未完全干燥就卷起来的话，可能会滋生霉斑。

水龙头

1周1次

使用工具
- 中性洗涤剂
- 牙刷
- 海绵擦
- 抹布

1 整体去污

将中性洗涤剂倒在海绵擦上，起泡后擦洗整个水龙头，角落也要擦洗干净。

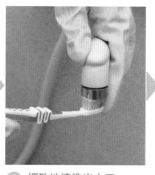

2 细致地清洗出水口

手柄周围和下方容易积水，滋生霉斑，需要用牙刷细致地刷干净。

3 用干抹布擦亮

用清水将洗涤剂冲掉，不要有任何残留。再用干抹布擦干，使其光亮如新。

Check!

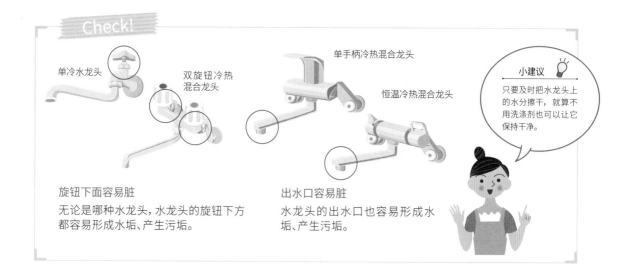

单冷水龙头

双旋钮冷热混合龙头

单手柄冷热混合龙头

恒温冷热混合龙头

小建议
只要及时把水龙头上的水分擦干，就算不用洗涤剂也可以让它保持干净。

旋钮下面容易脏
无论是哪种水龙头，水龙头的旋钮下方都容易形成水垢、产生污垢。

出水口容易脏
水龙头的出水口也容易形成水垢、产生污垢。

小妙招

白色石灰垢可以用柠檬酸溶液＋保鲜膜轻松去除

石灰垢难以用中性洗涤剂去除，但可以使用柠檬酸喷雾。喷上柠檬酸溶液后，用保鲜膜将其包裹住进行湿敷，效果更佳。但是，柠檬酸会造成生锈，最后一定要用清水冲洗干净。另外，水龙头上只要不留水珠，就很难形成石灰垢。因此，要养成随时擦干水渍的习惯。

用保鲜膜进行湿敷后，污垢就会浮起来。

喷洒上柠檬酸溶液后，用保鲜膜包裹住。静置一段时间后用清水冲一下，污垢就消失不见了。

浴室

排水口及周围地面

及时去除污垢

重点

● 避免在排水口堆积头发

● 要意识到洗东西的地方都充满了杂菌

● 根据区域选择合适的打扫工具，提高效率

排水口

随时

使用工具
- 中性洗涤剂
- 氯系漂白剂
- 牙刷

1 去除头发、垃圾
头发和垃圾是造成排水口污垢的主要原因。用牙刷及时将其清除，可以让日常的打扫变轻松。

2 用中性洗涤剂清洗
将中性洗涤剂喷在排水口过滤网上，然后用牙刷清洗。除非污垢积攒过多，否则中性洗涤剂就足够了。

使用漂白剂时，请开窗透气。

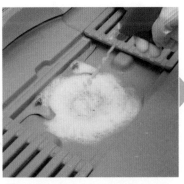

3 用氯系漂白剂对付积攒的污垢
如果滑腻或黑色霉斑面积较大，可以先在上面喷洒氯系漂白剂，静置20分钟左右，充分分解霉斑。

4 用牙刷刷干净
喷洒氯系漂白剂后，排水口的异味也会减少，变得容易打扫。之后只要用牙刷把小地方刷干净，再用清水冲洗干净。

小妙招 👍

借助小物件，轻松搞定麻烦的排水口

清理排水口时，尽可能不用手去碰触。此时，一次性的小物件就能帮上大忙了。只要放在排水口，就可以轻松捕捉到头发和垃圾，之后直接扔掉，可以缓解打扫的压力。

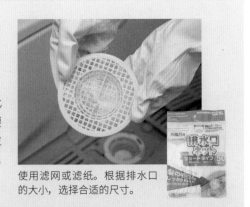

使用滤网或滤纸。根据排水口的大小，选择合适的尺寸。

地面

1周1次

1 用中性洗涤剂清洗

将中性洗涤剂喷洒在由水垢、灰尘、洗发水垢等堆积而成的污垢上,再用刷子或海绵擦擦洗干净。

2 细致地清理边角

墙壁和地面的交界处或洗澡时坐的椅子等,容易堆积污垢,可以细致地刷一下这些地方。

3 顽固污垢先湿敷

地面凹凸处被污垢侵蚀时,请先在整片地面上喷洒中性洗涤剂,再贴上塑料袋,湿敷 2 小时左右。

使用工具

- 中性洗涤剂
- 氯系漂白剂
- 刷子
- 海绵擦
- 垃圾袋
- 抹布

4 用氯系漂白剂除菌

遇到中性洗涤剂无法去除的霉斑时,先打开窗户,然后在上面喷洒氯系漂白剂,静置 20 分钟后再刷掉。

也可以使用不用的旧毛巾。

5 打扫完后擦干水渍

先用清水冲洗干净,然后用抹布将残留在地面上的水渍擦干,防止滋生霉斑。

> **小建议**
>
> 浴室的地面面积较大,打扫时建议使用大号的刷子或海绵擦。

避免藏污纳垢的 小妙招

保持干燥、定期更换, 让打扫工具也保持干净

用来打扫的刷子或海绵擦等,往往会使用很久。殊不知,这些本应让房屋保持干净的工具,却成为孕育杂菌的温床。因此,用完这些打扫工具之后,一定要将上面残留的洗涤剂冲掉并晾干,还要注意定期更换。

潮湿的海绵擦是细菌最爱的场所。用完后可以将它挂在墙上,不仅方便,还能沥水。

根据打扫工具的形状,选择合适的收纳工具。打扫工具建议每 1~2 个月更换 1 次。

浴室

墙壁、浴室小物件

尽可能保持干燥

重点

● 1周清理1次墙壁

● 擦干水渍，以防滋生霉斑

● 用完后，只要用水冲一下，就可以变干净

墙壁

1周1次

使用工具
- 中性洗涤剂
- 氯系漂白剂
- 海绵擦

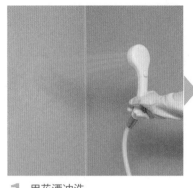

1 用花洒冲洗
墙壁上的污垢主要来自肥皂、洗发水的飞溅物。每次溅到墙壁上之后，只要用花洒冲洗一下即可。

2 刷掉积攒已久的污垢
积攒已久的污垢，可以用中性洗涤剂和海绵擦刷掉。黑斑基本都是霉斑，每周都要用氯系漂白剂清洗1次。

瓷砖（缝隙）

1周1次

使用工具
- 氯系漂白剂
- 牙刷

用氯系漂白剂清理泛红的霉斑
瓷砖缝泛红说明产生了红色霉斑。此时，在上面喷洒氯系漂白剂，静置30分钟后，用牙刷刷掉即可。

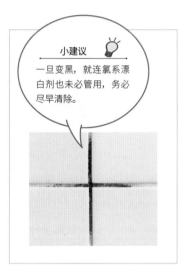

小建议
一旦变黑，就连氯系漂白剂也未必管用，务必尽早清除。

小妙招 👍

使用啫喱状除霉剂清理墙面上的霉菌

一般的除霉剂（氯系漂白剂，主要成分是次氯酸钠）喷洒到垂直面上后，会立即流下来，导致成分难以浸入霉斑根部。但如果使用啫喱状的除霉剂，就不会有这方面的困扰了。

涂抹上去后静置30分钟左右，再用牙刷刷掉。最后用清水冲刷干净后擦干。

置物架

1个月1次

使用工具

- 中性洗涤剂
- 牙刷
- 海绵擦

用中性洗涤剂清理

将中性洗涤剂喷洒在整个置物架表面，再用海绵擦刷干净。不易清洗的地方可用牙刷刷洗。

镜子

1周1次

使用工具

- 柠檬酸溶液（参考 P25）
- 海绵擦
- 抹布

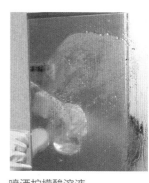

喷洒柠檬酸溶液

将浓度为 2%~5% 的柠檬酸溶液喷洒在镜子上，再用海绵擦擦拭。最后用抹布擦干即可。

浴室椅子

1周1次

使用工具

- 中性洗涤剂
- 柠檬酸溶液（参考 P25）
- 海绵擦

1 使用前后都用热水冲一下
每次使用前和使用后都用花洒冲洗一下。这样就可以防止椅子上积攒污垢。

2 用柠檬酸溶液去除水垢
用中性洗涤剂和海绵擦无法洗掉的水垢、肥皂垢等，可以用柠檬酸溶液软化后再去除。

3 内侧也要细致地清理
内侧和腿部容易堆积污垢和霉斑。将椅子翻过来，细致地清理这些部位。最后再用柠檬酸溶液冲洗一下并擦干，可有效预防霉斑。

花洒

1个月1次

使用工具

- 柠檬酸溶液（参考 P25）
- 牙刷
- 牙签
- 抹布

1 浸泡在柠檬酸溶液中
在洗脸台中倒入 1 大勺柠檬酸，加水溶解后，将花洒放进去浸泡片刻，再用牙刷刷干净。

2 用牙签疏通堵住的孔眼
孔眼部分的污垢，可以用牙签尖挑出来。

3 擦干水渍
将柠檬酸成分冲洗掉，再用干抹布擦干即可。

浴室

门、天花板和排气扇

灰尘、水滴、霉斑等污垢较多

重点

- 长时间通风，容易堆积灰尘
- 灰尘和水蒸气混合容易滋生霉斑
- 对天花板上的霉斑放任不管，就会蔓延到整个浴室

门
1个月1次

使用工具
- 去污粉
- 牙刷
- 海绵擦

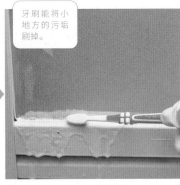

牙刷能将小地方的污垢刷掉。

1 擦掉灰尘
门缝、合页等是最容易堆积灰尘的地方。每次通风换气后，一定要把上面的灰尘擦掉。

2 用去污粉去除内侧的污垢
肥皂沫等容易溅到门内侧或门缝上，可以把含有表面活性剂的去污粉倒在海绵擦上，将其刷掉。

天花板
1个月1次

使用工具
- 消毒酒精
- 抹布

1 擦掉水滴
天花板容易结露，从而滋生霉斑。要经常用抹布把上面的水滴擦掉。

2 用消毒酒精擦拭
用喷了消毒酒精的抹布擦拭。角落也要擦拭干净，以防滋生霉斑。

小妙招 👍

使用啫喱状除霉剂清理天花板上的霉菌

无法用消毒酒精去除天花板上的霉斑时，使用啫喱状除霉剂。你可以用抹布将拖把柄的一端包裹成晴天娃娃的形状，然后在上面涂抹啫喱状的除霉剂。啫喱状的除霉剂不会滴下来，所以没有进入眼睛的风险。最后，再用清水沾湿的抹布擦干净。

洗澡的时候很少会注意到天花板。平时要有意识地检查并清洁天花板。

排气扇

1个月1次

使用工具
- 中性洗涤剂
- 牙刷
- 抹布
- 吸尘器

1 将过滤网拆下来
切断排气扇的电源，将其过滤网拆下来，再用吸尘器吸掉表面的灰尘。

2 用中性洗涤剂清洗
藏在过滤网孔眼中的细小灰尘，用沾了中性洗涤剂的牙刷刷掉。

3 用湿抹布擦干净
将湿抹布拧干，擦拭排气扇的外壳等部位，不要放过每一个角落。

小妙招 清理浴缸围裙

浴缸围裙是指一体式浴室中将⋯⋯。它的内侧容易积攒水垢、头发、淤泥、蛾蚋虫卵（成虫）和霉⋯⋯少打扫1次。

将身前的浴缸围裙拆卸下来

重点清理容易堆积霉斑和水垢的地方。

⋯⋯的类型

⋯方后往身前一拉，就可以将浴缸围裙⋯。但是，也有些浴缸是不可拆的，或⋯序不同。请先阅读说明书，确认是否

⋯清理
⋯白剂去除霉斑
⋯围裙拆下来。
⋯经化为淤泥的霉斑上喷洒氯系漂白剂，⋯着淤泥一起清理。
⋯水将漂白剂冲洗干净。
④擦⋯水渍，等完全干燥之后将浴缸围裙装回去。

●委托专业公司
如果超过3年没做过清理，就委托专业公司
如果超过3年没做过清理，那浴缸围裙的内侧大概率已经成为霉菌的温床。此时，请委托专业公司。如果能一直保持干净的状态，那浴室里出现霉斑的频率就会大大减少。

洗漱间

洗脸台周围

随时擦干才能保持干净

清理后把水龙头擦干、擦亮

养成随时擦干水渍的习惯

造成污垢的元凶是灰尘、水垢和牙膏渍

洗脸台
随时

使用工具
• 中性洗涤剂
• 海绵擦
• 抹布

1 平时只需用海绵擦擦拭即可

灰尘、牙膏、头发、化妆品等带来的污垢，只要勤打理，用海绵擦也能轻松擦掉。

2 清理完后一定要擦干水渍

水垢和黑色污渍可以用中性洗涤剂和海绵擦洗掉。用清水冲刷干净之后，一定要用抹布擦干。

水龙头
1周1次

使用工具
• 柠檬酸溶液（参考 P25）
• 牙刷
• 抹布

1 及时擦掉水渍

在水龙头附近常备一块抹布，平时看到水渍就立即擦掉。这样一来，就不会堆积水垢。

2 用柠檬酸去除堆积的污垢

如果有石灰垢、水垢，就在上面喷洒柠檬酸溶液，然后用牙刷刷掉。冲洗干净后，用抹布擦干。

光亮如新的 小妙招

用超细纤维抹布让水龙头光亮如新

只要将水龙头擦亮，就能意外地让人备感干净。可以在用柠檬酸溶液溶解石灰垢的同时，用干抹布细致地擦拭。推荐使用纤维细的超细纤维抹布，它具有良好的抛光效果。

用超细纤维抹布，稍微用力地进行摩擦，就可以让水龙头光亮如新了。

排水口

随时

1 清理垃圾和头发
用抹布等清理排水门周围以及整个洗脸台内的头发和垃圾。

2 用牙刷刷干净
排水口的塞子容易堆积头发，以及刷牙时刷出来的食物残渣等。可以用牙刷将其清理干净。

3 喷洒氯系漂白剂
平时比较忙碌的话，每次将垃圾清理掉之后，就喷一下氯系漂白剂。这样能去除滑腻，防止堵塞。

4 堵塞严重时
堵塞严重，水流不下时，可在排水口多喷一点氯系漂白剂，静置 20 分钟左右。

5 倒入管道疏通剂
如果头发堵塞比较严重，就在水管中倒入管道疏通剂（成分和氯系漂白剂相同）。

6 清理存水弯
洗脸台下方的排水管有一个 S 形存水弯。可以将其打开，清理阀口，取出堵塞物。也可以用工具将存水弯拆下来再清理。

使用工具
• 氯系漂白剂
• 管道疏通剂
• 牙刷
• 抹布

Check!

准备一个马桶皮搋子，以备不时之需

平时如果不及时清理排水口，污垢就会堆积下来，导致水难以流下去。最好准备一个皮搋子，以备不时之需。要想避免水管堵塞，建议用水管疏通剂定期清理。

将吸盘对准排水口，用力往下按，再拔出来。

洗漱间

镜子、地面和架子等

掉以轻心就会沦为霉菌的温床

重点

- 容易积攒油性污垢
- 兼做换衣间的洗漱间，容易堆积灰尘
- 多用吸尘器打扫

镜子

1周1次

使用工具
- 柠檬酸溶液（参考 P25）
- 抹布

1 喷洒柠檬酸溶液
洗漱间的镜子容易沾上水滴，可以在上面喷洒柠檬酸溶液，软化污垢。

2 用抹布擦干
用抹布把污垢擦掉，同时用干的部分将其擦干擦亮。

地面

1周1次

使用工具
- 密胺海绵
- 抹布
- 吸尘器

1 经常用湿抹布擦掉水滴
洗漱间的地面容易沾上水滴、脚底皮脂、发胶的飞沫等污垢。先用吸尘器清理，再用湿抹布擦干净。

2 细小地方用密胺海绵清理
有些材质的地面会有污垢嵌入一些细小部位。此时，可以用密胺海绵将污垢刷出来。

小妙招 👍

碳酸氢三钠溶液搭配密胺海绵，轻松去除地面污垢

用水的地方经常会铺地垫。但很多时候，地垫上的污垢无法用湿抹布擦掉。地面凹凸处的黑斑也是令人头痛的存在。针对这些污垢，可以先在上面喷洒碳酸氢三钠溶液（制作方法参考 P25），再用密胺海绵将其刷掉。

在污垢明显的地方，喷洒碳酸氢三钠溶液。

用密胺海绵细致地将污垢刷掉。

洗脸台下方

3 个月 1 次

使用工具

- 消毒酒精
- 抹布

如果滴下来的是洗涤剂等液体，就需要特别细致地擦拭。

1 擦掉滴下来的液体
将收纳物全都拿出来，然后喷洒消毒酒精，进行擦拭。既不需要二次擦拭，还能在清理的同时除菌。

2 擦拭柜门
擦拭抽屉内侧、柜门表面和内侧。等彻底干燥之后，再将收纳物放回去。

小建议

从洗脸台上方滴下来的液体还可能附着在洗涤剂容器上。容器上的污垢也要擦掉。

置物架

3 个月 1 次

使用工具

- 消毒酒精
- 一次性抹布或抹布

1 去污除霉同时进行
将消毒酒精从上往下喷洒一遍。放置牙刷的地方滋生霉斑的概率很高，尤其需要注意。

2 用抹布擦拭
趁着消毒酒精还未挥发，用一次性抹布将污垢擦掉。

3 收纳物要清洁后再放回
化妆品、护发产品的容器或喷雾瓶上会有滴下来的溶液污渍，要擦掉这些污渍后再放回去。

地垫

随时、1 周 1 次
（清洗）

使用工具

- 洗衣液
- 洗衣机

1 使用之后要晾干
地垫长时间处于潮湿状态会产生异味。建议每次使用后及时晾干。

2 1 周洗 1 次
1 周至少清洗 1 次。这样能保持清洁并延长地垫的使用时间。

3 多晒太阳
地垫上的黑色污垢是黑色霉斑。经常拿到太阳底下晒晒正反面，有助于预防黑色霉斑。

卫生间

马桶

马桶外面的污垢也要多加留意

重点

- 马桶周边和座圈也会堆积污垢
- 记住马桶刷是消耗品
- 拆掉发热座圈，清洗每个角落

马桶

随时

使用工具
- 中性洗涤剂
- 马桶刷
- 一次性抹布

1 喷洒中性洗涤剂
在马桶内部多喷洒一些具有除臭效果的中性洗涤剂，静置数分钟。

2 用马桶刷把每个角落都刷一遍
用马桶刷仔细刷一下边缘内侧以及水位线附近。

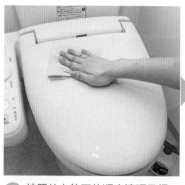

3 按照从上往下的顺序清理马桶
按照马桶盖外侧→内侧→座圈→座圈的边缘和内侧→马桶内部→马桶外壳的顺序，用沾了中性洗涤剂的一次性抹布擦拭。

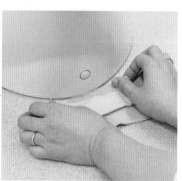

4 注意马桶外壳与地面的接缝
小便时，尿液容易沿着马桶流到地上，尤其需要注意马桶和地面的接缝处。

Check!

清理水箱，去除陈年污垢

水位线上的黑色水印多半是陈年污垢。而产生这种污垢的原因一定是厕所清洁不彻底。马桶水箱内部的脏污也可能是原因之一，一定要注意清洁。

使用氯系漂白剂喷雾，可轻松去除。

陈年污垢多半来自水箱内的霉斑或铁锈。

智能马桶冲洗器喷嘴

1个月1次

使用工具

· 柠檬酸
· 牙刷
· 牙签

1 抽出冲洗器
　按照说明书抽出冲洗器。很多时候上面都会沾有水垢、霉斑、粪便等。

2 用柠檬酸刷掉
　用牙刷蘸取些许柠檬酸颗粒,刷掉喷嘴上已经凝固的污垢。

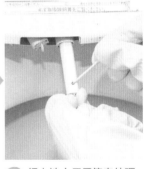

3 细小地方用牙签来处理
　孔眼部分可用牙签来疏通。最后用清水整体冲刷一遍,等其干燥后再收起来。

智能马桶的操作面板

1个月1次

使用工具

· 柠檬酸溶液
　(参考 P25)
· 抹布
· 报纸
· 牙刷

1 清理缝隙
　操作部位直接连着座圈,很容易溅到尿液。用喷了柠檬酸溶液的抹布把各个角落都擦干净。

2 拆下除臭过滤器
　根据使用说明书,从操作面板的背后拆下除臭过滤器。

3 将灰尘刷出来
　将除臭过滤器放在报纸上,然后用牙刷将上面的灰尘刷出来。最后装回去。

水箱、接水盆

1个月1次

使用工具

· 柠檬酸溶液
　(参考 P25)
· 抹布
· 砂纸
· 刷子

1 擦拭接水盆
　用喷了柠檬酸溶液的抹布擦拭水箱上的接水盆。

2 清理水箱内部
　用长柄刷刷掉水箱内部的水垢、铁锈或霉斑等。

3 用砂纸摩擦
　接水盆的出水口如果有凝固了的污垢,可先用柠檬酸溶液软化,再用砂纸擦掉。擦的时候,要先把砂纸浸湿,再轻轻擦拭。

卫生间

地面、墙壁和门等

这些地方竟然是造成恶臭的罪魁祸首

重点

卫生间的灰尘比预想的要多

墙壁下方要勤擦

地面、墙壁、门可能会造成恶臭

地面
1周1次

使用工具
- 中性洗涤剂
- 一次性抹布
- 密胺海绵

擦拭地面，不要有任何遗漏
在地面上喷洒中性洗涤剂，然后用一次性抹布从马桶周边开始，一步步往里面擦拭灰尘，同时将地面也均匀地擦拭一遍。最后用清水擦拭一遍即可。

小建议
如果铺了地垫，就用密胺海绵来清理。它还可以用来清理角落和小地方！

墙壁
1周1次

使用工具
- 中性洗涤剂
- 一次性抹布

1 用喷了中性洗涤剂的抹布擦拭
除非是瓷砖墙，否则不要把中性洗涤剂直接喷到墙壁上，会造成损害。一定要先喷在一次性抹布上，再用抹布轻轻擦拭，不要摩擦。

2 墙壁下方要勤擦
溅到墙壁上的尿液比你想象中的多。特别是墙壁下方，需要勤加擦拭。最后再用清水擦一遍即可。

小妙招 👍

用柠檬酸 + 薄荷油的喷雾来清理

柠檬酸喷雾也可用来打扫卫生间。它不仅可以去除水垢类的污垢，还能中和独特的氨臭味。

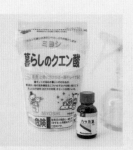

将 5g 柠檬酸、200ml 水，以及 5~10 滴薄荷油等散发清凉香味的精油混合在一起。

上完厕所后，在马桶上喷一下即可。

门

1周1次

使用工具
- 中性洗涤剂或柠檬酸溶液（参考 P25）
- 抹布

1 按照走廊到门内的顺序擦拭

用中性洗涤剂或柠檬酸溶液浸湿抹布，然后按照污垢较少的走廊到门内的顺序擦拭。重点擦拭低处。

2 擦拭整个门框

排气扇会吸附灰尘，所以门框上的污垢会超乎想象得多。请均匀擦拭，不要有任何遗漏。

3 把门锁和把手擦亮

所有人都会碰触的门把手和门锁很容易脏。仔细擦拭，让它们光亮如新。

排气扇

1年1次

使用工具
- 消毒酒精
- 牙刷
- 抹布
- 吸尘器

1 用吸尘器吸掉灰尘

用牙刷将排气扇外壳前面的灰尘刷掉，然后再用吸尘器吸。

2 用消毒酒精擦拭

用喷了消毒酒精的抹布仔细擦拭外壳表面。

小建议

可以在排气扇上贴一张过滤网，这样吸入的灰尘就会减少很多。

Check!

预防病毒性肠胃炎的卫生间消毒清洁术

感染上由诺如病毒等引发的病毒性肠胃炎后，大便中会含有大量的病毒。为了不让卫生间变成感染源，一定要做好除菌、清洁工作。

① 戴好一次性手套和口罩。

② 用水稀释氯系漂白剂，制作浓度为 0.02% 的次氯酸钠溶液。

③ 用②制作的溶液浸湿抹布，然后细致地擦拭门把手、马桶、地面等。

气味没有次氯酸钠刺激的 "Cleverin Spray"（二氧化氯）等也很方便。

卫生间

厕纸架等

注意灰尘和飞沫

重点

没有清洗过的马桶坐垫是臭味之源

地垫要勤洗，保持干净

地垫洗完后，要晒干

厕纸架

1周1次

使用工具

· 消毒酒精
· 一次性抹布

用消毒酒精擦拭

塑料制的厕纸架容易产生静电，吸附厕纸的纤维碎屑和棉絮等。需要用喷了酒精的抹布擦拭。

小建议

和马桶的距离较近，平时就要注意除菌，仔细清理。

马桶坐垫、地垫

1周1次

使用工具

· 洗衣液

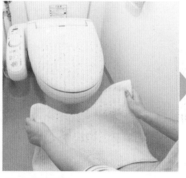

1 勤洗地垫

1周换1次干净的。脏了的地垫洗完后要晒干。

2 拆掉马桶坐垫，仔细清理

马桶坐垫也要勤换勤洗。如有外罩，拆下来后清理更方便。

Check!

"只需放在上面"的坐垫纸很方便

寒冷的季节，推荐使用"只需放在上面"的一次性坐垫纸，它更容易拆卸。另外，智能马桶的加热座圈意外地费电，为了节约用电，夏天可以关闭加热功能。

马桶坐垫勤换勤洗，就不用担心散发臭味了。

专栏

用水区域的打扫 通用法则

日常生活中，浴室、洗漱间、卫生间、厨房等用水区域容易变脏，而它们变脏的方式是相通的。先了解它们的变脏原理，在此基础上调整物品的放置方法和打扫方式。

法则 1　脏污程度和使用频率呈正比

频繁使用的厨房、家人共用的浴室、出入较多的卫生间等，用水区域的使用频率越高，脏污程度就越高。这些地方必须要勤打扫。

法则 2　脏污程度和物品的数量呈正比

任意摆放的洗发水等物、随意乱放的烹饪用具和锅碗瓢盆、陈列室状态的卫生间……一个地方摆放的东西（工具）越多，污垢的堆积速度就越快。需要调整收纳方式，只摆放要用的东西。

法则 3　不干净的工具会加速污垢的形成

海绵擦、刷子上如果有杂菌，不仅不会达到清洁的目的，反而还会成为污垢的源头。一定要使用干净的打扫工具。

法则 4　污垢隐藏在你看不到的地方

排气扇、浴缸围裙和洗衣池的内侧，座圈和马桶间的缝隙等，越是看不到的地方，就越会堆积水垢等污垢，成为霉菌的温床。建议养成定期检查的习惯。如果是很难自己清扫的地方，可以委托家政公司。

法则 5　用作他用会加速污垢的形成

在浴室洗衣服、在洗漱间晒衣服等，如果将某个区域另作他用，就会加速污垢的形成。此时，应比平时更细致地进行打扫，并养成不堆积污垢的习惯。

法则 6　擦干水渍后就干净了

用水区域避免不了会产生水渍。但是只要在打扫完后或用完水后，用干抹布擦干水渍，就可以减少很多污垢。

趁梅雨季节到来之前彻底清洁！

浴室清洁大作战

随着梅雨季节的临近，浴室会散发异味，浴缸会变得滑腻，霉斑的出现频率也会上升……入梅前这段令人压抑的时间，正是打扫浴室的好时机。既然要做，就花最少的精力，做最彻底的清洁。

浴室之所以容易滋生霉斑，是因为水垢、香皂垢等会为霉斑提供营养。发现霉斑之后，除了常用的打扫工具之外，也请准备好以下 6 种工具。

❶橡胶手套
❷口罩
❸护目镜
❹浸泡用的洗涤剂（浴缸洗涤剂、粉末状的氧系漂白剂）
❺氯系漂白剂
❻保鲜膜

4 个注意事项

❶打开排气扇，让空气流通
❷告知家人，打扫期间不要洗澡
❸不要将氯系漂白剂和其他洗涤剂一起使用
❹使用氯系漂白剂时，戴好手套、口罩和护目镜

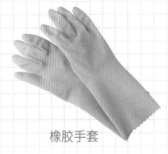

橡胶手套

口罩

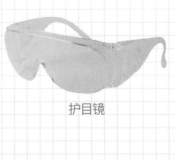
护目镜

浸泡用的洗涤剂
（浴缸洗涤剂、粉末状的氧系漂白剂）

氯系漂白剂

保鲜膜

一次性除霉、除菌、去滑腻

Step 1 只要浸泡就可以对整个浴缸进行除菌和清理

洗完澡后，在40℃左右的洗澡水中倒入浸泡用的洗涤剂，对整个浴缸进行清理。同时将洗脸盆、浴室椅、打扫用的海绵擦、刷子、肥皂盒、浴缸盖、花洒或其他小物件等都放在里面浸泡一晚或半天。

Step 2 将浸泡在里面的小物件和浴缸刷洗干净

浸泡8~12小时，等污垢软化后，用海绵擦等工具将浸泡过的浴室用品刷干净，去除上面的肥皂垢、黑斑、滑腻等。结束后，继续用浴缸里的清洗液清理门周围、排水口周围和浴室的地面等。

Step 3 用清水将洗涤剂冲掉

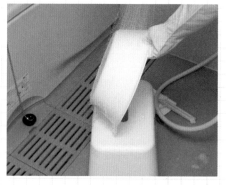

拔掉浴缸塞，将清洗液放掉。然后打开水龙头，放热水，冲洗浴缸和管道部分。同时，为了节约用水，也可以用放出来的热水冲洗已经刷干净的浴室用品、地面和架子等。最后，再用花洒冲洗一遍，将残留的洗涤剂彻底冲掉。

Step 4 用氯系漂白剂去除残留在排水口的霉斑

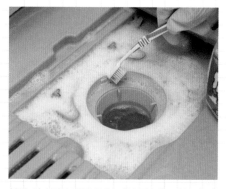

将泡沫状氯系漂白剂（除霉剂）喷洒在残留在排水口等地的霉斑上。长在垫片内部的黑色霉斑，可以先在上面喷洒漂白剂，静置30分钟~1小时后，再用牙刷将小角落的污垢刷掉。这样就能取得惊人的效果。

客厅、窗户周围、和室

客厅的污垢主要是灰尘。
在灰尘和水分混合到一起形成明显的污垢之前，将其去除。

客厅

空调 ▶▶▶ P59

用得越多，灰尘越多。时不时地做一下护理。

沙发、椅子、桌子
▶▶▶ P54~55

容易堆积生活中产生的污垢。请勤擦拭。

地板 ▶▶▶ P50

每天打扫，保持令人舒适的触感。

地毯、地垫 ▶▶▶ P52

可清洗的就用水清洗，不可清洗的就仔细擦拭。原则就是第一时间清理污渍。

天花板、墙壁
▶▶▶ P56~57

这两个地方灰尘意外地很多。请定期打扫。

灯具 ▶▶▶ P58

堆积的灰尘会影响照明。

电视机等家电
▶▶▶ P60

这些地方会因为静电堆积很多灰尘。请养成除尘的习惯。

窗户周围

玻璃、窗框
▶▶▶ P62~63

用清水即可去除污垢。

纱窗 ▶▶▶ P64

用密胺海绵清理最省力。

窗帘 ▶▶▶ P66

定期清洗可以预防霉斑，避免房间产生异味。

百叶窗 ▶▶▶ P67

为了防止污垢堆积，必须勤打理。

和室

天花板 ▶▶▶ P56

1 个月至少除 1 次尘。

壁橱 ▶▶▶ P71

容易堆积生活中产生的污垢，还容易潮湿，要经常清理并注意防湿防潮。

纸拉门、隔扇
▶▶▶ P70

框架上容易积灰，可以用掸子清理。

榻榻米 ▶▶▶ P68

平时用吸尘器打扫。注意保持干燥，预防霉斑。

● 客厅、窗户周围、和室的打扫计划

打扫频率	打扫范围		所需工具
随时	客厅	地板（一般情况）	静电除尘拖把、抹布、吸尘器
		地毯、地垫	抹布、吸尘器、橡胶手套、碳酸氢三钠溶液
		电扇	除尘刷、抹布、中性洗涤剂、海绵擦
	和室	榻榻米	吸尘器、抹布、牙刷、盐
		纸拉门、隔扇	除尘刷或掸子、抹布、橡皮
		门槛	抹布、橡皮筋
1周1次	客厅	皮沙发	除尘刷、抹布、密胺海绵、吸尘器、碳酸氢三钠溶液
		加湿器、除湿器	吸尘器
		电视机	除尘刷、抹布
1个月1次	客厅	椅子	中性洗涤剂、除尘刷、抹布
		桌子	消毒酒精、中性洗涤剂、抹布
		天花板	静电除尘拖把、抹布、中性洗涤剂
		和室天花板	扫帚、长筒袜
		壁纸	掸子、抹布、一次性抹布、牙刷、中性洗涤剂、氯系漂白剂
		布墙纸	掸子、橡皮
		石灰墙、土墙	除尘刷或掸子、橡皮
		空调	除尘刷、抹布、吸尘器、中性洗涤剂
		录放影机（投影仪）	抹布、吸尘器
		电话机、遥控器等	抹布、除尘刷、棉签、消毒酒精
		电脑	抹布、除尘刷、棉签、消毒酒精
		游戏机	抹布、除尘刷、棉签、消毒酒精
2个月1次	窗户周围	玻璃	密胺海绵、抹布、报纸、橡皮刮水器、中性洗涤剂、柠檬酸溶液
		窗框	凹槽刷、牙缝刷、抹布、吸尘器、密胺海绵、消毒酒精
		纱窗	碳酸氢三钠、密胺海绵、抹布、吸尘器
3个月1次	客厅	灯具	除尘刷、抹布、中性洗涤剂
	窗户周围	百叶窗	除尘刷、抹布、中性洗涤剂、吸尘器、白线手套
半年1次	窗户周围	窗帘、窗帘导轨	中性洗涤剂（洗衣液）、洗衣袋、抹布
	和室	壁橱	抹布、吸尘器、消毒酒精
1年1次	客厅	地板（打蜡）	静电除尘拖把、抹布、吸尘器、除蜡剂、蜡
	和室	榻榻米（下边）	吸尘器、抹布、牙刷、盐

客厅

高效除尘

地板

地板

随时、1年1次
（打蜡）

使用工具
- 静电除尘拖把
- 抹布
- 吸尘器
- 除蜡剂
- 蜡

重点

1 用清水擦拭
要想将飞散在四处的灰尘去除干净，首先要用湿抹布或静电除尘拖把将地板擦一遍。

2 用吸尘器吸
重点吸走没擦掉的垃圾和头发。

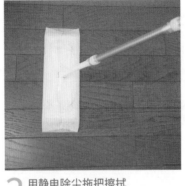

3 用静电除尘拖把擦拭
将湿纸巾或沾湿的干纸巾装到静电除尘拖把上，擦拭整块地板。

1年做1次特殊保养
用除蜡剂将黑斑等地板表面的污垢清除干净，然后再重新上蜡。

造成地面脏的主要原因是空气中的灰尘

吸尘器吸过之后，还要再整体擦拭一遍

给地板打蜡，让它光滑发亮

小妙招 👍

用柠檬酸溶液和精油制成的喷雾，让地板光亮如新

在柠檬酸溶液中加入精油，制成喷雾喷洒到地板上，可让地板光亮如新。建议选择桉树、丝柏等精油，既能清除污垢，又带有清香，让人心情舒畅。

在稀释至2%~5%的柠檬酸溶液中滴入5~10滴桉树精油或丝柏精油。

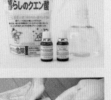

喷洒在地板上，然后用抹布擦拭。

处理地板上的污垢和划痕

重点处理地板上比较严重的污垢。
划痕和洞则要在没有变大之前进行护理。

◆脚印、手印◆

◆厨房等地的油污◆

1 用地板纸巾擦拭
将市售的地板专用湿巾折成小块，用力擦拭地板。

2 喷洒碳酸氢三钠溶液
碳酸氢三钠溶液可以强效分解皮脂类污垢。喷洒在地板上之后，再用力擦拭一遍。

1 涂抹小苏打
将小苏打溶于水中，制成糊状，然后涂抹在凝固起来的油污上。

2 用海绵擦擦拭
静置 20 分钟左右后，用海绵擦等工具将污垢刷干净。

◆划痕、洞◆

1 涂抹修正蜡笔
选用和地板同色系的修正蜡笔，将其涂抹在划痕和直角上。

2 使用吹风机
如果划痕较明显，就先利用吹风机的热软化修正蜡笔，再去涂抹、修补。

◆油性笔◆

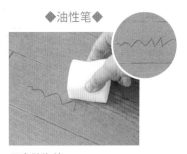

用密胺海绵
将密胺海绵浸湿后，能轻松刷掉污垢。

3 用刮板刮
如果蜡笔涂出来了，就用刮板将多余的刮掉。

4 画木纹
选用和地板木纹相同颜色的蜡笔，在上面描绘木纹。

◆蜡笔◆

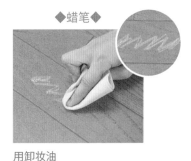

用卸妆油
在抹布上倒点卸妆油或卸甲水，然后打着圈擦拭。

客厅

地毯、地垫

用擦拭法就能清洁

地毯、地垫

随时、1个月1次
（用碳酸氢三钠溶液擦拭）

重点

● 平时多用吸尘器清理

● 能洗的东西最好洗完后再收起来

● 不能洗的东西建议勤加擦拭

使用工具

• 抹布
• 吸尘器
• 橡胶手套
• 碳酸氢三钠溶液（参考P25）

1 用吸尘器清理
用吸尘器吸掉绒毛中的垃圾和灰尘。吸的时候，前后小幅度推动，耐心地清理干净。

2 用橡胶手套清理头发
戴上橡胶手套，将纠缠在一起的头发团成小团，然后去除。

3 用碳酸氢三钠溶液擦拭
将碳酸氢三钠溶液喷洒到抹布上，然后擦拭绒毛，让其竖起来。这样就可以去除粘在表面上的皮脂类污垢。

小建议
可以水洗的小毯子，建议用洗衣液（中性洗涤剂）清洗，会比较卫生。

Check!

用碳酸氢三钠溶液护理地毯、小地毯

碳酸氢三钠可以分解油脂、皮脂类污垢，消除恶臭，是清理地毯、小地毯的好帮手。除此之外，布沙发和床垫也可以用它来清理，巧妙使用它吧。

❶将碳酸氢三钠溶于温水，然后把抹布浸入其中，拧干后大范围地进行擦拭。

❷污垢比较顽固时，可先在微波炉中加热1分钟之后再擦拭。这样做可以增强碱性，提升效果。

处理地毯、地垫上的污渍

沾上污渍之后，必须立即去除。这是不可动摇的法则。拖得越久，污渍就越难清理。

◆咖啡、酱油等水溶性污渍◆

如果是刚沾上的，可拍打着吸掉

如果是刚沾上的，可在上面铺一块干抹布，然后拍打着将其吸掉。

1 使用地毯专用洗涤剂

如果污渍已经干了，可以先用水沾湿，然后喷洒上足量的地毯专用洗涤剂。

2 最后用清水擦干净

从外向内擦拭污渍，然后用清水擦拭一遍，最后再用干抹布擦干。

◆口红、巧克力等油性污渍◆

用溶剂快速去除

用挥发油或卸甲水浸湿抹布，然后抓取污渍，让它转移到布上。

◆咖喱、牛奶等两性污渍◆

先去除污渍中的油分

先用抹布蘸取挥发油等物，将污渍转移到抹布上，然后再用地毯专用洗涤剂将其分解，并擦掉。

◆宠物的粪便、呕吐物等◆

1 将小苏打倒在污渍上

用宠物纸巾等将表面的污垢去除后，倒上适量的小苏打。

2 将小苏打吸掉，然后用清水擦干净

等干燥之后，用吸尘器将小苏打吸掉，然后用湿抹布擦拭一遍。

◆口香糖、饭粒等有黏性的污渍◆

口香糖冷却后去除，饭粒干燥后去除

把冰块装入塑料袋，然后敷在口香糖上，等其冷却凝固后去除。至于饭粒，先让它干燥，然后用吸尘器吸掉即可。

Check!

用漂白剂对付种类不明或怎么也无法去除的污垢

准备 2L 的热水（40~50°C），加入 10g 氧系漂白剂，再把抹布放进去。浸湿后，稍稍拧一下就覆盖在污渍上，将污渍揉掉。

客厅

沙发、椅子和桌子

根据材质，选择合适的打扫方法

重点

- 沙发和椅子要勤掸灰尘
- 打扫桌子的同时要除菌
- 清理污垢时不要损害物品材质

皮沙发

1周1次

使用工具

- 除尘刷
- 抹布
- 密胺海绵
- 吸尘器
- 碳酸氢三钠溶液（参考 P25）

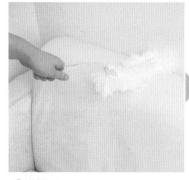

1 掸灰尘

沙发容易吸附空气中的灰尘。一旦发现，就用除尘刷等工具将表面的灰尘掸掉。

2 坐垫能拆下来就拆下来

能拆卸的都拆下来。再用吸尘器将堆积在缝隙的灰尘、头发等清理干净。

3 用湿抹布擦拭

如果沙发上有明显的黏着物或污垢，就用碳酸氢三钠溶液将抹布喷湿，整体擦拭一遍。

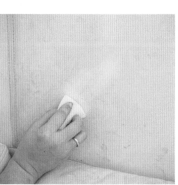

4 顽固污垢用密胺海绵刷掉

难以清理的皮脂类污垢等可用浸湿的密胺海绵刷掉。先在不起眼的地方尝试过后再刷其他部位。

人造皮革沙发

和皮沙发一样打理

去除灰尘，并用吸尘器清理干净边角之后，再用拧干水分的抹布细致地进行擦拭。尽量不要堆积灰尘和皮脂类污垢。

布艺沙发

定期拿到洗衣店去清洗

用吸尘器清理边角的垃圾和灰尘时，顺便将整个沙发的坐垫都清理一遍。这样可以减少灰尘的堆积。如果是能拆下来的沙发套，可以拿到洗衣店清洗。1年至少清洗1次。

椅子

1个月1次

使用工具

• 中性洗涤剂
• 除尘刷
• 抹布

1 除尘
用除尘刷去除椅子上的灰尘。

2 用中性洗涤剂擦拭
如果有污垢或黏着物，就用喷了中性洗涤剂的抹布擦拭干净，然后再用清水擦一遍即可。

3 擦拭靠背和椅子脚下面
手经常碰到的靠背，容易堆积灰尘的椅子脚下面也要充分擦拭。

桌子

1个月1次

使用工具

• 消毒酒精
• 中性洗涤剂
• 抹布

1 用消毒酒精擦拭
除了桌面之外，手经常碰到的桌沿也很容易脏，可以用消毒酒精进行擦拭。

2 擦掉桌脚上的灰尘
将中性洗涤剂稀释一下，浸湿抹布。然后从桌面至桌脚仔细擦拭。

小建议
台面周围容易被细菌污染，可以用消毒酒精擦拭。

Check!

实木家具一般用干抹布擦拭

即便同为木质家具，也会在材质、喷漆、加工方法上存在巨大的差异。木质家具有各种各样的缺点，比如有的不耐水，有的容易产生污渍。但是无论是什么材质、如何喷漆的，用干抹布擦拭都是护理木质家具的最佳方法。

● 实木、原木
　不能用清水擦拭。基本用干抹布擦拭。
● 装饰胶合板、印花胶合板
　污垢严重时，可用稀释了的中性洗涤剂擦拭，再用清水擦拭一遍。最后，一定要再用干抹布擦干。

实木柜。用干抹布擦拭，同时注意不要伤害材质。

客厅

天花板、墙壁

容易受静电和油烟的影响

重点

天花板和墙壁容易堆积污垢

注意灯具以及附近天花板上的凹凸

注意不耐水的材质

天花板

1个月1次

使用工具
- 静电除尘拖把
- 抹布
- 中性洗涤剂

1 用抹布擦掉灰尘

将抹布夹在静电除尘拖把上，擦掉灰尘。尤其是墙壁和天花板的交界处以及四个角落。这些地方容易堆积灰尘，需要细致地擦拭。

2 用中性洗涤剂清理黏着物

如果天花板上有油烟等黏着物，可以先在抹布上喷洒中性洗涤剂，将其擦掉。最后再用清水擦拭一遍。

和室天花板

1个月1次

使用工具
- 扫帚
- 长筒袜

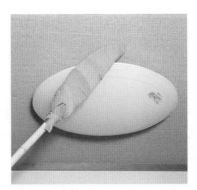

去除灰尘即可

和室的天花板一般都不耐水，只需去除灰尘即可。除尘时，可以将不穿了的长筒袜套在扫帚上。

小建议

不穿了的长筒袜，打扫完后可以直接扔掉，非常方便。

小妙招 👍

用柠檬酸溶液去除粘在天花板上的油烟污垢

天花板和墙壁上的油烟污垢可以用柠檬酸溶液擦拭掉。油烟污垢属于碱性物质，可以用柠檬酸中和。为了不形成污渍，建议从小范围开始用柠檬酸溶液擦拭。一边擦一遍将污垢去除。

油烟污垢堆积下来后，很难去除。需要定期清理。

壁纸
1个月1次

使用工具
- 掸子
- 抹布
- 一次性抹布
- 牙刷
- 中性洗涤剂
- 氯系漂白剂
  （啫喱状）

1 用掸子将灰尘掸掉
用掸子拍打容易积灰的地方，去除灰尘。

2 用清水擦拭壁纸
塑料墙纸可以用水擦拭。如果有静电造成的污垢或油烟等黏着物，可以使用中性洗涤剂擦拭。

3 用氯系漂白剂去除霉斑
壁纸上的霉斑可用啫喱状的氯系漂白剂去除。挤在牙膏上，一点一点刷掉。最后用湿抹布擦一遍。

布墙纸
1个月1次

使用工具
- 掸子
- 橡皮

用橡皮擦掉手印
布墙纸不耐水，一般会用掸子除尘。如果墙纸上有手印或铅笔的涂鸦，可以用橡皮擦掉。

石灰墙、土墙
[聚乐壁、硅藻土等]
1个月1次

使用工具
- 除尘刷或掸子
- 橡皮

不耐水，可以用掸子
石灰墙、土墙都不耐水。可以用除尘刷等去除灰尘，用橡皮擦掉污垢。

小妙招👍

用碳酸氢三钠溶液去除墙壁上的顽固黑斑

将碳酸氢三钠溶液喷洒在抹布上，然后轻轻拍打门把手附近、开关面板附近等墙壁上有黑斑的地方。静置几分钟后，再用一块干净的抹布轻轻拍打，将黑斑擦掉。这样，墙壁就变干净了。

擦拭时小心一点。如果用力摩擦，墙纸可能会变得更脏，或擦破。

客厅

灯具、空调等

大部分污垢是灰尘

- 滤芯要多用吸尘器清理
- 用除尘刷除尘比较方便
- 使用时间越久，积灰越多

灯具

3个月1次

使用工具
- 除尘刷
- 抹布
- 中性洗涤剂

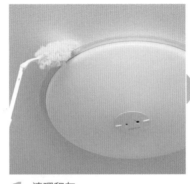

1 清理积灰
灯具可以用长柄的除尘刷清理。尤其是灯具和天花板的间隙，需要细致地打理。

2 将灯具外壳拆下来除尘
将外壳拆下来，清理灰尘。先用沾了中性洗涤剂的抹布擦拭，再用清水擦一遍，最后用干抹布擦干。

加湿器、除湿器

1周1次

使用工具
- 吸尘器

清理滤芯上的积灰
吸气滤芯容易积灰，需要经常用吸尘器清理。

电风扇

随时、1年1次
（收起来之前）

使用工具
- 除尘刷
- 抹布
- 中性洗涤剂
- 海绵擦

灰尘堆积之前清理
在使用电风扇的季节里，用除尘刷清理。收起来之前，将网罩和扇叶拆下来，然后用中性洗涤剂清洗。

避免藏污纳垢的 小妙招

尽早使用除尘刷清理灰尘

房间里的灯具是空气中灰尘的"着陆点"，经常堆满灰尘。虽然不容易清理，但最好还是尽早用除尘刷清理干净。

低处的灯具推荐使用短柄的除尘刷。

空调

1个月1次

1 清理外壳上的灰尘
　清理空调上面和侧面的灰尘。可使用长柄的除尘刷。

2 用中性洗涤剂擦拭
　用喷洒了中性洗涤剂的抹布擦拭油烟等污垢，然后用清水擦拭一遍。

使用工具
- 除尘刷
- 抹布
- 吸尘器
- 中性洗涤剂

3 将滤网拆下来清洗
　打开空调前板，抽出滤网，并拆下来。用吸尘器清理附着在表面的灰尘，再喷洒中性洗涤剂，最后用温水擦拭干净。

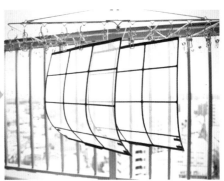

4 晾干后装回去
　将洗好的滤网晾干到一定程度后，装回去。开启送风模式1小时左右，使其完全干燥。

Check!

清理空调的同时，顺便清理天花板和墙壁

我们平时不太会留意天花板和墙壁。趁着清理空调的机会，清理一下这两个地方的污垢。看看灰尘和湿气混合在一起后有没有形成黑斑，或者有没有因为油烟等变黄。养成经常清理空调、天花板和墙壁的习惯，打扫工具也要经常清洗，让房间保持干净明亮。

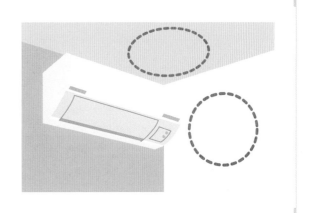

59

客厅

电视机等家电

主要的污垢是灰尘和手印

重点

● 边用边打扫，污垢不堆积

● 除尘还可以预防故障

● 手印要及时用干抹布擦拭

电视机

1周1次

使用工具

· 除尘刷
· 抹布

1 清理灰尘和手印
先用除尘刷清理灰尘，再用抹布轻柔地擦掉手印。

2 清理背后的灰尘
电视机的背后容易脏。需要经常除尘。

录放影机（投影仪）

1个月1次

使用工具

· 抹布
· 吸尘器

1 擦拭
手经常碰到的地方容易产生指纹和污垢。如果处理及时，只需用干抹布擦拭即可。

2 清理风扇周围的灰尘
为了不让侧面的通风口和背面的冷却风扇堵塞，可以用吸尘器的细缝吸头吸除去灰尘。

避免藏污纳垢的小妙招

放置录放影机或投影仪的时候要留有空间

静电容易吸附灰尘。如果严重，还可能会损坏设备。要想让设备的除尘工作变得轻松，就必须在放置的时候留出充裕的空间。这样不仅可以让除尘刷和吸尘器的细缝吸头伸进去，还有助于散热。

放置设备时留出充裕的空间，可以让打扫变得轻松。

电话机、遥控器

1个月1次

使用工具
- 抹布
- 除尘刷
- 棉签
- 消毒酒精

1 用除尘刷除尘
静电容易吸灰。请用除尘刷清理灰尘。

2 使用消毒酒精擦拭
电话机的听筒上如果沾有手印或异味，可用喷洒了消毒酒精的抹布擦拭。

3 用棉签清理缝隙
用蘸了少量消毒酒精的棉签清理按钮周围的污垢。遥控器等也按同样的方法清洁。

电脑

1个月1次

使用工具
- 抹布
- 除尘刷
- 棉签
- 消毒酒精

1 用除尘刷除尘
关机后，用除尘刷清理屏幕以及键盘上的灰尘。

2 用棉签清理缝隙
键盘上手印较多，可用棉签蘸少量消毒酒精进行清理。

3 用抹布清理鼠标上的灰尘
用抹布擦拭鼠标。背面的灰尘较多，擦得细致一点。

游戏机

1个月1次

使用工具
- 抹布
- 除尘刷
- 棉签
- 消毒酒精

1 用除尘刷擦拭
用除尘刷清理机体、连接线上的灰尘，再用干抹布擦一遍。

2 擦掉手印
用沾了消毒酒精的抹布擦掉遥控手柄上的手印。

3 用棉签清理细小的地方
用棉签蘸少许消毒酒精，然后清除按钮等细小部分的污垢。

窗户周围

玻璃、窗框

雨后或阴天是打扫的最佳时机

重点

- 避免在水分容易蒸发且容易留下印记的晴天打扫
- 准备方便清洁缝隙的工具
- 定期做好防霉、除霉工作

玻璃

2个月1次

1 用清水擦拭
将密胺海绵稍微浸湿，从上往下擦拭。

2 用橡皮刮水器刮掉水分
用橡皮刮水器等工具刮掉含有污垢的水分，再用抹布擦掉残留在边上的水分。

使用工具

- 密胺海绵
- 抹布
- 报纸
- 橡皮刮水器
- 中性洗涤剂
- 柠檬酸溶液
（参考 P25）

3 去除煤烟、油烟、香烟的污垢
油性污垢无法用清水去除，要使用合适的洗涤剂。用中性洗涤剂清除室外的煤烟和室内的油烟，用柠檬酸溶液清除香烟污渍。

小建议
也可以用揉得皱巴巴的报纸代替抹布！

Check!

橡皮刮水器是清洁玻璃的小帮手

橡皮刮水器（刮板、T型刮水器）是专门用于去除平面上的水分的工具。除了家居中心之外，也可在网店购买。它会让玻璃变得很干净，推荐使用。

还有橡皮刮水器状的家电产品，可以一边刮水一边吸水。

小型刮水器用起来比较方便，推荐使用。

窗框

2 个月 1 次

1 刷掉泥土和灰尘
窗框上的泥土和灰尘，最好在干的状态下刷掉。可以使用凹槽刷等清洁窗框专用的工具。

2 巧用密胺海绵
将密胺海绵剪成窗框的宽度，然后用水打湿后将污垢刷出来。最后再用干抹布擦干。

3 用牙缝刷清理凹槽和缝隙
用牙缝刷将凹槽和缝隙里的污垢挑出来，清理干净。

使用工具
- 凹槽刷
- 牙缝刷
- 抹布
- 吸尘器
- 密胺海绵
- 消毒酒精

4 擦拭上面的窗框
上面的窗框也经常堆积灰尘和霉斑。霉斑可以用浸湿了消毒酒精的抹布擦拭。

5 用吸尘器吸
用吸尘器吸掉堆积在窗框的棉絮、头发等垃圾。可以在打扫地板的时候一同进行。

小建议
室外部分的窗框平时暴露在尾气和风雨中。可以涂一层不含研磨剂的车蜡来防止变脏。

小妙招 👍

用消毒酒精来预防窗户上的霉斑

因为结露，霉斑可能会蔓延到窗框的垫片上和周围的木地板上，甚至窗帘上也可能会长满霉斑。可以经常喷洒消毒酒精，以防霉斑蔓延。

喷洒消毒酒精。木地板的涂层可能会因此而脱落，需要注意材质。

窗户周围

纱窗

室内棉絮、室外灰尘

纱窗

2 个月 1 次

使用工具
• 碳酸氢三钠
• 密胺海绵
• 抹布
• 吸尘器

1 用密胺海绵擦拭
难以用水打扫的时候，可以使用密胺海绵。先将密胺海绵完全浸湿，再充分拧干后擦拭。

2 轻柔地横向竖向擦拭
从上往下，横向竖向地擦拭纱窗。密胺海绵脏了，就用背面擦。注意不要太用力，以免纱窗变皱。

3 密胺海绵脏了用清水清洗即可
密胺海绵两面都脏了，就用清水洗干净，然后再拧干。要一直保持干净的状态。

4 用碳酸氢三钠对付煤烟
如果纱窗上附着有煤烟、油烟等污垢，可以在洗密胺海绵的水中加入1大勺碳酸氢三钠。先擦拭外侧会更方便。

百褶纱窗的清理方法
将密胺海绵裁剪成小块，吸水后拧干，然后沿着百褶的边角竖向擦拭。

5 将掉落的密胺海绵屑擦掉
用抹布或吸尘器清理打扫时剥落的密胺海绵屑或灰尘团。

清理纱窗的方法

清理纱窗的方法有很多。除了密胺海绵以外，也可以使用专用的打扫工具。
试着找到适合自己家的方法。

◆在室外水洗◆

1 去除表面的灰尘

将纱窗拆下来，拿到可以使用水的阳台上。然后用软刷子将表面的灰尘刷掉。

2 喷洒纱窗专用的洗涤剂

用水浸湿之后，整体喷洒纱窗专用的洗涤剂。然后用刷子轻柔地清洗。

3 连带着外框一起冲洗干净后晾干

等污垢差不多都浮起来之后，就连带着外框一起冲洗干净，并放在外面晾晒。等完全干燥后再装回去。

◆用吸尘器清理室内的纱窗◆

用毛刷吸头清理

建议将清理纱窗列入日常的吸尘程序中。将毛刷吸头轻轻地对着纱窗清理即可。

> 可以使用专用工具。

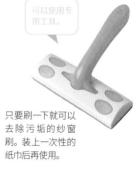

只要刷一下就可以去除污垢的纱窗刷。装上一次性的纸巾后再使用。

避免藏污纳垢的
小妙招

养成用抹布随手擦拭的习惯

清理纱窗上的灰尘时，可以使用超细纤维抹布和布纹胶带。超细纤维抹布只要擦拭一下，就可以轻松将灰尘擦干净，非常适合用来清理纱窗。不易擦掉的灰尘块，则可以用布纹胶带轻轻一按再一提，即可轻松去除。纱窗清理干净之后，马上又会堆积灰尘。因此，要养成随手打扫的习惯，在进行日常打扫时，一旦发现有灰尘就立即擦掉。

用超细纤维抹布擦一下，就能去除污垢。

遇到灰尘块，用布纹胶带轻轻一粘，即可轻松去除。

窗户周围

窗帘、百叶窗

决定房间氛围的关键

重点

- 灰尘较多，需要定期打理
- 能洗则洗
- 不干净的窗帘会成为霉菌、螨虫的温床

窗帘、窗帘轨道

半年1次

使用工具
- 中性洗涤剂
- 洗衣袋
- 抹布

1 确认洗涤标签
可水洗的窗帘可以按照洗衣服的方式来清洗。洗之前先确认洗涤标签。

2 将窗帘从轨道上拆下来
将窗帘从轨道上拆下来。如果要清洗，建议选择湿度较低的晴天。

> 如果挂钩是向内折叠在窗帘内侧的，也可以和窗帘一起放入洗衣机清洗。

3 折成波浪状后再洗
拆下窗帘的挂钩，将窗帘折成波浪状后放入大号洗衣袋中，按照洗衣服的方式来清洗。

4 挂钩单独清洗
挂钩也会脏，要把它放入洗脸盆等容器，倒入稀释过的中性洗涤剂后清洗。然后用清水冲干净。

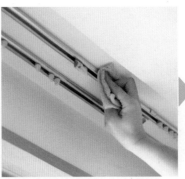

5 擦拭窗帘轨道
窗帘轨道也要清理。用稀释过的中性洗涤剂和抹布擦拭，会发现它脏的程度超乎想象。

6 装回窗帘轨道晾干
将窗帘快速脱水之后，装上挂钩重新挂回轨道，直接风干。

百叶窗

3 个月 1 次

从边缘开始擦拭。

1 除去灰尘

趁百叶窗叶片上的灰尘还不多的时候，用除尘刷将其去除，再用吸尘器清理一遍。

2 用抹布擦掉小地方的污垢

当灰尘遇到油烟，变得难以去除时，可以在抹布上喷一点中性洗涤剂，然后一片一片地擦拭。

3 用清水擦拭一遍后，再用干抹布擦干

先用清水擦拭一遍，最后再用干抹布擦干。如果百叶窗的叶片间距较小，可使用白线手套代替抹布。

使用工具

- 除尘刷
- 抹布
- 中性洗涤剂
- 吸尘器
- 白线手套

小建议

用白线手套代替抹布时，建议在白线手套内先戴一层橡胶手套，防止手变得粗糙。

预防霉菌的小妙招

注意通风换气，防止结露和潮湿

窗户周围必须要做好防潮防霉措施。特别是冬天，窗帘和百叶窗容易在结露的影响下变得潮湿，从而滋生霉菌。如果放任不管，霉菌和螨虫还会扩散到整个房间。因此，要养成通风换气的习惯。冬天的时候，如果看到结露，就马上用抹布等工具擦干水渍，防止变潮。

经常拉开窗帘，打开窗户。定期通风换气。

和室

榻榻米

沿着纹路除尘去污

重点

- 用热水擦掉黏在上面的污垢
- 用消毒酒精擦掉霉斑
- 避免灰尘堆积可以有效预防螨虫

榻榻米

随时、1年1次
（榻榻米下方）

使用工具
- 吸尘器
- 抹布
- 牙刷
- 盐

1 用吸尘器清理
榻榻米的纹路里容易积灰，沿着纹路吸。边缘部位使用细缝吸头清理。

2 用热水擦掉黏着物
如果感觉到上面沾了皮质，变得黏黏的，就用热水沿着纹路擦拭。然后开窗晾干。

3 用盐去污
如果有污垢黏在上面，可以撒点盐，然后用牙刷等工具刷下来。

4 打扫榻榻米下方
榻榻米下方建议1年打扫1次。将横螺丝刀插入榻榻米的边缘，然后提起来打扫。

5 用吸尘器清理
用吸尘器清除从榻榻米的缝隙间掉下去的灰尘和螨虫。建议使用毛刷吸嘴。

小妙招 👍

用消毒酒精去除榻榻米上的霉斑

梅雨时节，整片榻榻米都可能长霉菌。这时，可在抹布上喷洒大量的酒精，然后擦拭榻榻米。针对局部的霉斑，可以直接对着那里喷洒消毒酒精，然后用牙刷等工具将其刷掉。最后再用抹布擦拭干净。

用清水或干抹布擦拭霉斑，反而会让其扩散。建议使用消毒酒精擦拭，抹布用完应立即丢掉。

扫帚和簸箕的使用方法

如今，扫帚开始重新进入人们的视野。它不仅不耗电，还不会产生噪音，深夜打扫也没问题。
它可以随意转变方向，推荐平时"顺手打扫"和"小扫除"的时候使用。

◆扫帚和簸箕的种类◆

扫帚
在和室使用，就选择"席子扫帚"；
在水泥地、阳台使用，就选择"室外扫帚"；在瓷砖地使用，就选择"随意扫帚"。根据场地进行选择。

簸箕
有手柄比较短的"短柄簸箕"，也有提起手柄，就会自己合上的"自动开合簸箕"。根据用途加以选择。

◆使用方法◆

1 轻轻拿着扫帚，不要用力
将扫帚拿在身前，使其稍微离开地面一点。扫地时，使其平行于身体，左右扫动。

2 沿着纹路打扫
无论是榻榻米，还是地板，都要沿着纹路小范围地扫，以便能将卡在里面的垃圾扫出来。

3 将垃圾扫到簸箕里
将簸箕斜对着垃圾，然后用扫帚的前端将垃圾扫进去。

Check!

将扫帚挂起来收纳，更方便取用

扫帚毛如果弯曲，就会变得很难扫。不要将毛朝下放在地上，而是要挂在屋子里显眼的地方。这样一来，还能方便取用。簸箕也可以一起挂起来。如果屋子里没有地方挂，可以将扫帚毛朝上地立在房间的角落。这样就不会损坏扫帚毛，延长其使用寿命。

如果是造型时尚的扫帚，挂起来后还可以装饰房间。

和室

纸拉门、隔扇和壁橱

脆弱易破，需谨慎处理

重点

保持干燥，防止滋生霉菌

基本上只要除尘即可

壁橱还要注意除螨

纸拉门、隔扇

随时

使用工具

· 除尘刷或掸子
· 抹布
· 橡皮

木框和表面容易积灰

纸拉门的木框（骨架）、隔扇的表面（纸）容易积灰。充分清理这些地方。

1 清理灰尘

经常用除尘刷或掸子清理灰尘，以防灰尘遇到湿气或油烟而结块。

2 用橡皮清理把手上的手印

粘在隔扇把手周边的手印，可以用橡皮擦掉。擦的时候请注意不要太用力。

3 隔扇必须擦干

打理隔扇的时候，不能用水。表面的灰尘可以用除尘刷清理，把手上的手印可以用干抹布擦拭。

门槛

随时

使用工具

· 抹布
· 橡皮筋

和榻榻米一起清理

门槛（纸拉门或隔扇的轨道部分）如果不顺滑，会损坏拉门或隔扇。尽量和榻榻米一起清理。

经常清理垃圾

门槛上容易堆积垃圾。可以在门槛和隔扇之间塞几根橡皮筋，这样一推动，里面的垃圾就会被带出来。

壁橱

半年1次

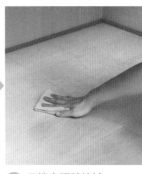

使用工具

·抹布
·吸尘器
·消毒酒精

灰尘会随着壁橱门的开合而进入
灰尘会在开合壁橱门的间隙
趁机混入。另外，壁橱容易
受潮，因此容易成为霉菌、
螨虫的巢穴。

1 用吸尘器吸走灰尘

先将里面的物品拿出来，
然后用吸尘器细致地清理大
的灰尘块和头发等。

2 用消毒酒精擦拭

如果出现疑似霉斑的细
小污垢，就用喷了消毒酒精
的抹布擦掉，不能放过任何
一个角落。

防潮、防螨措施

要想确保除螨
的效果，需定
期更换。

将除螨垫夹在被褥中
除螨垫是引诱、捕捉螨虫的垫子。只要
夹在被褥中，就可以去除螨虫。

铺设木板架
木板架对促进空气循环、除湿防潮很有效。

除湿防潮的 小妙招

壁橱的移门稍微打开一些，保持通风干燥

只要让壁橱的移门稍微打开一些，就可以起到除湿
防潮的作用。如果是不太容易注意到的地方，就留
出 15 厘米左右的缝隙。只要这样，里面就不会残
有湿气，也不会滋生霉菌。在湿气较重的梅雨时节，
选择空气较干燥的日子，每天用电风扇对着壁橱吹
2 小时左右。去除湿气后，还能防止螨虫的产生。

用电风扇吹风，避免潮湿。

通过换气和湿度控制，解决 3 大问题

我们为什么要打扫屋子呢？"为了去除污垢""为了舒适地生活""为了避免不卫生的环境伤害身体"……明确目的之后，就会发现要想实现这个目的，就必须打造并维持干净卫生的居住环境，避免产生霉菌、螨虫和蟑螂。换言之，也就是如果能断绝这 3 大问题的根源，打扫的目的就达到了。为此，请先了解清楚霉菌、螨虫、蟑螂的产生以及生长条件，然后在此基础上采取相应的对策。

霉菌、螨虫、蟑螂的繁殖条件非常相似

	霉菌	螨虫	蟑螂
温度	5~35℃（最佳温度为 20~30℃）	20~30℃（最佳温度为 25~30℃）	5~45℃（最佳温度为 20~35℃）
湿度	60%~80% 以上（最佳湿度为 80% 以上）	60%~80% 以上（最佳湿度为 80% 以上）	70% 以上（最佳湿度为 75% 以上）
养料	木材、灰尘、食物、皮革、洗涤剂等	霉菌、灰尘、头皮屑、污垢、食物残渣等	食物残渣、灰尘、霉菌、头皮屑、头发、宠物毛、油污、衣服和被褥上的污垢、昆虫的尸体（螨虫、蟑螂同类等）

霉菌、螨虫、蟑螂的三角关系

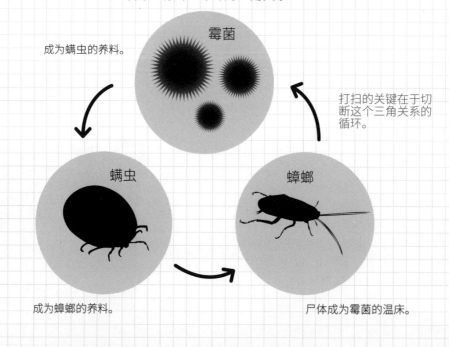

成为螨虫的养料。

打扫的关键在于切断这个三角关系的循环。

成为蟑螂的养料。

尸体成为霉菌的温床。

霉菌

霉菌是一种真菌类的微生物，和蘑菇、酵母属于同类。只要有营养、湿度（水分）和氧气，就能生存，世界的各个角落都能看到它的身影。霉菌又被称为天然分解者，被用于生活的各方各面，比如酒曲、奶酪等食物。

在多达几万种的霉菌中，适应了人类室内居住环境的只有几十种。这些霉菌会破坏房屋整体的干净，会损坏建筑材料，甚至还会引发过敏性疾病，因此必须去除。

● 如何预防霉菌

最重要的是控制湿度。尤其是在空气湿度较高的季节，以及容易出现结露的冬天，将湿度计放在房间的各个地方，适时地进行换气或除湿，以保证湿度不会过高。另外，为了减少生成霉菌所需的养料，勤打扫也非常重要。

● 滋生霉菌后的处理方法

情况 1　肉眼可见

说明孢子已经四散开去。此时的除霉工作应奉行"一经发现，立即清除"的原则。浴室等区域可以喷洒氯系漂白剂，壁橱等区域则用消毒酒精擦拭。用吸尘器、干抹布、洗涤剂等清理反而会让霉菌孢子进一步扩散，还给它提供了养料，因此严禁使用。

情况 2　在看不到的地方暴发

霉菌有时候也会在肉眼看不到的地方大暴发，比如空调内部、浴缸围裙内部等。此时，它可能会散发独特的霉臭味。一旦闻到这种异味，就应该立即提高警惕，找出霉菌的温床。如果是整片墙壁等大规模的霉菌，可以委托专业的公司来清理。

盆栽和干花也容易成为霉菌的温床，需多加注意。

螨虫

据说全世界有超过2万种螨虫，其身长和形状也存在很大的差异。一般住宅中常见的螨虫（粉尘螨、腐食酪螨、柏氏禽刺螨、马六甲肉食螨）都非常小，身长在0.2~0.7mm之间，很难被肉眼捕捉到。将它放大了来看，形状和蜘蛛很像，但它们不是同类。

喜欢住宅环境的螨虫，大多爱以人类的头皮屑和污垢为食。它们会在被褥、收纳场所等高温多湿又容易潜入的地方繁殖。会咬人的螨虫其实非常少，但会诱发过敏反应。

●如何预防螨虫

关键是控制湿度。尤其是在空气湿度较高的季节，以及容易出现结露的冬天。除此之外，还要经常清洗、晾晒螨虫容易潜入的被褥周边的布制品。另外，勤打扫以减少养料也是很有效的方法。

●出现螨虫后的处理方法

偶尔会出现肉眼可以看到的大规模暴发。此时，最有效的办法是在暴发螨虫的房间用烟熏剂杀虫。但是一般情况下，肉眼是看不到螨虫的。只要平时多加清扫，保持通风干燥即可。

蟑螂

蟑螂是原产于热带地区的昆虫，全世界大约有4000多种。其中中国有200多种，常见的室内蟑螂有10种左右。中国常见的室内蟑螂有德国小蠊、美洲大蠊、澳洲大蠊、日本大蠊、黑胸大蠊等品种。我们身边的这些蟑螂大多身长1~4cm，体型呈扁平状，习惯于潜藏在狭窄的地方。它们是杂食动物，从热带雨林里的树液、枯木，到动物的尸体、粪便，再到人类的残羹剩饭、污垢、头发、油、纸等，统统都吃。

它们一年四季都喜欢在温热的家电旁边、墙壁和家具的缝隙之间筑巢。除了其外形令人身心不适外，它们还会在移动的过程中传播细菌性病原菌。而且，其粪便还会引发过敏。

●如何预防蟑螂

蟑螂主要来自外部。在公寓楼里，它们可能会顺着排气口或管道进来，而独栋楼房则大概率会从窗户或玄关侵入。因此，开窗开门的时候，需多加留意。

●出现蟑螂后的处理方法

如果在家里看到了蟑螂，驱除和阻止繁殖必须同时进行。方法有很多，根据自己的生活方式选择最合适的即可，一定要准备好相应的工具。

- **毒饵（凝胶饵剂）**
  只需将毒饵放在蟑螂有可能会经过的地方。吃了毒饵的蟑螂在巢穴中死去后，还可能引发多米诺效应，将毒传给同伴。但是，硼酸球等驱蟑螂的家用毒饵一定要放在家中幼童或宠物接触不到的地方，以防误食。
- **诱捕工具**
  即用蟑螂贴活捉蟑螂。这种方式的优点在于容易处理尸体。
- **药剂**
  杀虫效果好。但药剂有可能会形成污垢，甚至影响环境和人体健康。

Storage

第 **2** 章

收纳的基本

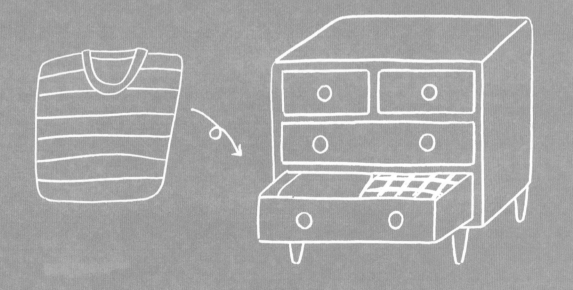

收纳的基本

根据空间的大小整理收纳，并能在需要的时候马上拿出来。
努力做到这些，每天的生活就会变得轻松而舒适。
调整家中的收纳，打造出舒适的居住空间吧。

●断舍离

判断一件物品是否该扔掉的标准是它对于自己或家人来说是否为必需品。如果不是必需品，就果断扔掉吧。另外，将囤货控制在最少的量，也是减少家中物品的秘诀。

●规定放置场所

决定物品的放置场所时，建议以"需要时能立即拿到"为标准。同时，也必须让除了自己以外的家人知道物品所在的位置。

方便收纳，方便取用

收纳的时候，除了自己以外，也要考虑家人是否方便。经常使用的东西，要放在方便取用的地方。

整洁舒适地
生活的秘诀

找到真正的必需品

买东西的时候，考虑清楚是否需要。实在是非常想要的话，给自己一点考虑的时间，想想实际的使用频率等，不要当场购买。

保持适量

把握好家里的收纳空间，如果超出了这个范围，就算再便宜，也不要购买或冲动消费。

各种物件的收纳地图

收纳时需要用到哪些物品，该放在哪里好呢？
首先记住各种物品的收纳秘诀吧。

厨房用品 ▶▶▶ P114

按类别收纳；放在做菜时容易
拿到的地方。做到这两点，厨
房就会变得好用又美观。

洗漱间、卫生间的用品
▶▶▶ P112

洗涤剂等零碎的东西放在收
纳筐里，整体看上去会更整
洁。收纳时要注意卫生。

床上用品 ▶▶▶ P104

为了除湿防潮，要在壁橱
中铺设木板架。毛毯等季
节性的床上用品可以放在
大的收纳盒里。

穿搭配饰 ▶▶▶ P92

很多穿搭配饰的材料都非
常精细，收纳的时候要注
意不损坏材料、避免变形。

衣服 ▶▶▶ P80

经常穿的衣服要挂在衣柜
里。收到抽屉里时，要折
成小方块并竖着摆放。

鞋子 ▶▶▶ P98

上班或上学穿的鞋子，要放在取用方便
的鞋柜中。过季等不常穿的鞋子要放在
鞋盒里。

生活杂物 ▶▶▶ P108

堆叠在一起的资料要用文件夹收纳在
一起。孩子的玩偶等杂物，收起来之
前要先进行分类。

收纳的基本

衣柜收纳

衣服

挂衣服的时候稍微花点心思，就能大幅提升衣柜的收纳能力！
要学会有效利用收纳盒和剩余空间。

 Step 1 选择需要挂起来的衣服

决定优先顺序

要利用衣柜的特性，优先选择适合挂起来收纳的易皱衣服和穿着频率高的衣服。

容易变形的衣服

一叠就会留下折痕的衣服，一定要挂起来。但是挂太多也会导致衣服褶皱，因此需要多加注意。

领带等较长的配件

难以折叠的长衣物可以挂在专用的衣架上，会更加整洁。

根据穿着频率划分

经常穿的衣服要挂起来。穿着频率低或可以折叠收纳的衣服则收纳在抽屉里。根据收纳空间，进行分类。

 **Step 2** 根据衣服长度分类

能快速找到想穿的衣服

挂衣服时，按照从短到长的顺序挂。这样不仅看上去整洁有序，还能快速找出想要穿的衣服。

Before

After

无法快速找出衣服
挂的时候不按照长度来挂，会给人杂乱无章的感觉。而且还很难快速找到衣服，浪费时间。

收纳空间也变大了
将短衣服和长衣服分开挂之后，衣柜下面就会出现剩余的空间。可以用来摆放收纳盒。

小建议

按照衣服的种类、长度或颜色来分类，看上去更加整洁美观。搭配衣服时也会一目了然。

Step ③ 活用剩余空间

利用收纳盒提高衣柜的使用效率

在衣柜或挂起来的衣服的下方空间摆放收纳盒，可以让收纳变得更加整洁，且容易取用。

衣柜下方的空间放置收纳盒

挂起来的衣服下面会有多余的空间。可以在这里放置带抽屉的收纳盒，收纳衣服或小物件。

经常使用的小物件放在布艺收纳筐里

常用的包、袋子等小物件可以收纳在容易取出的布艺收纳筐里。但是要注意不能堆叠太多。

上层收纳过季的衣服

将过季的衣服、旅行箱等放在衣柜的上层。

睡衣等日用品的临时收纳处

像睡衣或者其他每天都会穿或临时摆放的衣物，只要放在收纳篮中，就不会乱了。

Check!

收纳盒的尺寸要保持一致

要想有效利用空间，就必须使用相同尺寸的收纳盒。还应该根据放置的场所，选择使用方便的类型。

可以叠放的抽屉式收纳盒

带抽屉的收纳盒要比盖盖子的收纳盒好用很多。请选择进深较深的类型。

容易拿取的收纳袋

不要直接把东西放在衣柜上层，装入收纳袋后再放，能够快速拿出来。也不要在里面放重物。最好使用能够看到里面内容的收纳袋。

衣服

挂起来收纳

大件衣服、易皱衣服用衣架挂起来

重点

- 按照衣服选择合适的衣架
- 易皱的衣服要先弄平整
- 清空口袋后再收纳

大衣、连衣裙 [长款]

〈使用工具〉

牢固且肩线呈圆弧形的衣架 ▶▶▶

使用承重大且肩部线条呈圆弧形的衣架，可以防止衣服变形。

小建议 💡

为避免带有垂坠感和打褶设计的衣服变形，挂起来时要与其他衣服保持距离。

连衣裙

连衣裙挂在衣架上后容易滑落。建议使用肩部尺寸正好且防滑的衣架。挂上去之后，用手轻轻拉一下下摆，去除褶皱，将裙子弄平整。

一定要将口袋里的东西都掏出来，以免变形。

大衣

长款大衣较笨重，要选择肩部较厚的衣架，以防肩部线条和衣领变形。用刷子刷一遍之后再收起来，衣料不容易受损。如果使用的是天然毛刷子，还能防止静电。挂起来之前最好套上防尘罩。

〈使用工具〉

防滑衣架

领口较大的衣服、容易滑落的衣服以及涤纶衣服，建议使用肩部防滑的衣架。衬衫也同样。

半身裙 [百褶裙]

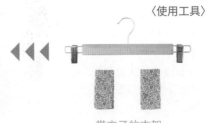

百褶裙洗干净之后，用带夹子的衣架夹住挂起来。注意不要让裙子下坠。如果不想留下印记，就在夹子和裙子之间垫一块布。

〈使用工具〉

带夹子的衣架

夹子太紧，或裙子质地太厚的话，可能会留下印记。最好使用夹部是橡胶材质的衣架，也可以在夹子和裙子之间垫一块布。

西装

〈使用工具〉

牢固且肩线呈圆弧形的
衣架

洗衣店常用的塑料衣架会
让衣服变形。建议使用牢
固的、肩部设计贴近实际
肩膀形状的衣架。如果是
木制衣架，还能防止静电
和湿气。

西装裤

在裤子和衣架之间垫一块布，
可以避免出现折痕。如果空
间足够宽敞，可以将裤子倒
挂起来，这样膝盖处的褶皱
就会消失。

西装外套

穿过一次之后，先清空口袋，用
刷子刷一遍，再收起来。挂在衣
架上后，扣好纽扣，然后按照肩线、
上方领口、下方领口、口袋盖的
顺序，收拾平整。

裤子

〈使用工具〉

带夹子的衣架

该款式不适合可以对
折挂起来的长裤，可
以用夹子夹住裤子腰
部或者裤脚。

用夹子夹的时候，注意
不要将腰围拉松。如果
宽度不够，可以沿着臀
部对折。夹的时候垫一
层布在外侧，可以防止
产生夹痕。

〈使用工具〉

鹅形衣架

衣柜空间较狭窄时，请
对折悬挂。建议选用有
防滑设计的衣架。

在裤子和衣架之间垫一
块布，可以防止折痕。
裤脚一侧稍长，有助于
维持平衡，让裤子不往
下掉。

提升收纳能力的
小妙招

选择功能型衣架

材质纤细的衣服折叠之后会留下折痕，有些外套
折叠之后体积很大，非常占空间。这些衣服都应
该挂起来收纳。功能型的衣架有很多种类，比如上
下各有 2 个夹子的衣架、肩部有凹槽的衣架等。根
据衣服的形状，选择合适的衣架，提高收纳空间的
利用率。

材质比较轻的裤子或
半身裙可以挂在上下
各带 2 个夹子的衣架
上，一次可以挂 2 条。

肩部有凹槽的衣架可
以用来挂吊带衫。

抽屉收纳

衣服

将衣物折成小块再收纳，能有效利用抽屉的空间。
竖着摆放，能够快速取出想穿的衣服，十分方便。

Step 1 分类

确认衣服的种类和数量

提高收纳效率的基础是分门别类。这可以帮你了解自己拥有的衣服种类和数量。

T恤、打底衫

质地较软的T恤和打底衫，相比于挂起来，折叠起来更容易收纳。居家服等不用在意有褶皱的衣服也可以折叠起来收纳。

牛仔裤

休闲牛仔裤不用在意折痕，可以折叠起来收纳。

内衣、袜子

经常随意丢在抽屉里的小件衣物，如果细心收纳可以延长使用寿命。

Step 2 叠成小块

最大限度地利用抽屉

抽屉的空间有限，要想有效利用，应尽可能将衣服叠成小块。根据类别，将衣服叠成相同的大小吧。

牛仔裤

根据抽屉的高度，将牛仔裤叠成长方形后，就可以竖着收纳了，看上去也会非常整洁。还可以用书立做隔板。

T恤、针织衫

将衣服叠成长方形后，根据抽屉的宽度分2~3列放进去。这样就可以增加收纳的量了。

内衣、袜子

零碎的小物件可以使用市面上卖的自带隔板的收纳盒。按类别放，会比较容易拿出来。

小建议

要想衣服收纳得又多又整齐，必须按照抽屉的宽度和高度来折叠。

▼具体叠法参考 P84

Step 3 分类后竖着收纳

整理成一眼就能找到的状态

衣物竖着收纳时，摆放位置一目了然，能快速找出自己想穿的。为了方便选择，可以按照袖子的长度或衣服的种类进行收纳。

按照袖子的长度分类

长袖 / T恤 / 背心

按照种类区分

内裤 文胸 袜子

将收纳盒叠在一起 善用隔板

Step 3 分类后竖着收纳

整理成一眼就能找到的状态

衣物竖着收纳时，摆放位置一目了然，能快速找出自己想穿的。为了方便选择，可以按照袖子的长度或衣服的种类进行收纳。

按照袖子的长度分类

长袖
叠成长方形后，再对折，就可以竖着收纳了。

T恤
T恤有各种尺寸。为了叠成相同尺寸的长方形，叠的时候要将袖子向内折叠。

背心
露出肩带不利于收纳。在叠成长方形的时候，可以将肩带塞到里面。

按照种类区分

内裤
根据抽屉的高度，叠成相应尺寸的小块儿。收纳时要将表面露出来，方便日后取用。

文胸
注意不要塞太多，以免罩杯变形。

袜子
三折或四折，折成小块儿。也可以卷起来。

将收纳盒叠在一起

抽屉里的内衣和袜子很容易变得杂乱无章。此时，可以把收纳盒当作隔板，固定收纳的场所。如果抽屉比较高，建议使用能够堆叠的收纳盒，这样抽屉的收纳能力就能有效提升。

善用隔板

将硬纸板折到与抽屉同高。也可以使用尺寸较小的书立，这样就算衣服不多，也不会倒塌，非常方便。

第**2**章

收纳的基本

衣服

叠起来收纳

按形状和尺寸，分类折叠

重点

● 袖子要向内折叠
● 高度要略低于抽屉的高度
● 根据抽屉的宽度，决定并排几列

T恤、打底衫

1 左右对折
抚平褶皱后再折叠，会更加平整。先左右对折。

2 收起袖子，折成长方形
将袖子向内折叠，折成长方形。之后也可以卷起来收纳。

如果抽屉比较高，也可以折三折。

3 上下对折
下摆对准肩部，上下对折。

4 再次对折
继续对折。然后折痕朝上，竖着收纳起来。

卷起来也可以
也可以从下往上卷起来。以纸袋为隔板进行收纳，会显得更加整洁。

背心

1 上下对折
将肩带对准下摆，上下对折。

2 将肩带折到里面
左右对折，将肩带折到里面。

3 根据抽屉的高度继续折叠
继续上下对折或三折，再将折痕朝上，竖起来收纳。

Polo衫

1 确认衣领和衣身折叠的
位置

根据衣领的宽度，找到袖子和
衣身适合折叠的位置。

2 将袖子和衣身向中间折叠

扣好纽扣后，把衣服翻过
来背面朝上。然后将袖子和衣
身向中间折叠。如果是长袖，
向中间折叠之后，还需将袖子
折回来。

小建议

带领子的衣服也可以平
放。摆放的时候，稍微
错开一点，露出领子。
这样日后取用时就会更
方便。

3 从下摆向肩部对折，
再对折

将下摆对准肩部对折。从下摆
向肩部折叠会比较容易。继续
上下对折。

4 衣领朝上收纳起来

翻到正面，整理一下衣领
之后，竖着收纳起来。注意摆
放的时候，衣领要在上方。

小妙招 👍 ### 一眼就能区分衬衫是长袖的还是短袖的

长袖的 T 恤也
可以这样叠！

衬衫的叠法

1 一侧的袖子正常
折叠

扣上纽扣后，翻过来背
面朝上。然后将一侧的
袖子和衣身向中间折叠，
再将袖子折回来。

2 将另一侧的袖子露
在外面

另一侧的袖子和衣身也
向中间折叠，但是将袖子
折回来的时候，要将袖子
的一部分露在外面。

3 上下对折两次

将衬衫的下摆折进
去，然后向上对折，再
对折。

4 将袖子折到前面

翻到正面，整理一
下衣领。然后将露在外
面的袖子折到前面来。

1 将衣服翻到背面
将背面朝上，展开、抚平易皱的高领。

2 将两个袖子折起来
一只手放在袖子根部，另一只手将袖子往另一侧拉，使两个袖子在背部交叉。

3 将肩部和侧边折起来
根据抽屉的宽度，将肩部和侧边向内折叠。

4 对齐左右两侧的线条
将左右两侧的线条折得笔直，就会得到一个四边形。

5 高领部分折下来
翻到正面，将高领部分翻折下来。

小建议
根据抽屉的高度调整折叠的次数。抽屉矮的话，可以再对折。

针织衫可以卷起来
针织品不容易起皱，可以卷起来收纳。将领子和袖子向内折叠之后，从上往下卷成圆筒状。

并排收纳
收纳的时候，并排摆放。用硬纸板隔开，会更容易收纳。折叠的时候，要配合抽屉的宽度。

羊毛等针织物容易虫蛀，最好放点防虫剂进去。

1 将袖子和衣身向内折叠
将连帽衫背面朝上，然后将袖子向内折叠，再将肩部和衣身折回去。

2 将帽子折下来
将帽子翻折下来，然后将下摆对准肩部，对折。

3 翻到正面，整理形状
翻回正面后，抚平颈部周围的褶皱。

三角内裤

1 先上下对折
沿着中线向后上下对折。

2 将两边向内折叠
将两边向内折叠，折成 1/3 的大小。

3 折痕朝上收纳
整理一下形状，然后折痕朝上，竖着收纳起来。

平角裤、休闲短裤

1 将两边向内折叠
将两边向内折叠，折成 1/3 的宽度。

2 将裤脚部分塞入松紧带内
上下折成三折后，将裤脚部分塞入松紧带一侧。

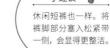

小建议
休闲短裤也一样。将裤脚部分塞入松紧带一侧，会显得更整洁。

文胸

1 在正中间对折
先检查钢圈和肩带是否弯曲，然后将罩杯重叠在一起。

2 将背部收到罩杯中
将后背部分折入罩杯里面，然后整理罩杯的形状。

3 将肩带也收到罩杯中
将肩带也折入罩杯里。保持这个形状，竖着收纳起来。

Check!

只穿了一次的衣服在收纳前该如何护理

羊毛、丝绸质地的衣服比较脆弱，洗起来很麻烦。只穿了一次时，收起来之前该做些怎样的护理呢？

 A 女士

毛衣和外套穿过一次就洗会非常麻烦。因此回家后，我都会先挂在衣架上晾一段时间，再收进衣柜里。如果衣服上沾有味道，就用除臭喷雾喷一喷。

 B 女士

羊毛、丝绸等质地的衣服比较脆弱，而且腋下容易被汗液浸湿。但要是每次都手洗，又会很费时间。这种时候我都会直接送去洗衣店。

换季收纳

每到换季时分，就是保养和整理衣服的最佳时机。
不要怕麻烦，细致地换装吧！

Step 1 检查衣服的状态

要在干净的状态下收起来

要想第二年穿得舒服，就要在衣服收起来之前做好清洁工作，并把破损的地方补好。

检查①
污渍、泛黄

需要注意的是汗液和皮脂类污垢会成为虫子的养料。尤其是汗液，它是造成泛黄的原因之一，一定要清洗干净之后再收起来。

检查②
纽扣和下摆是否开线

如果纽扣松了，或下摆开线了，修补好后再收起来。这样下次穿的时候就不会出现麻烦。

检查③
口袋内

如果收起来的时候口袋里还有东西，会造成衣服变形。因此，务必在收纳前将口袋清空。

Step 2 根据收纳的场所，选择收纳盒

考虑体积和拿取的便利性

根据收纳的空间，选择不同的收纳盒是学会收纳的第一步。建议量好进深和高度之后再购买。

收纳在壁橱或储藏室

选择带抽屉或盖子的、可以叠放的收纳盒。壁橱的进深比较深，购买的时候要注意尺寸。

收纳在狭窄的地方或高处

因为必须要放到高处，建议选择轻一点的收纳盒。狭窄的地方适合使用材质较软、可以变形的收纳盒。

收纳在衣柜里

挂起来收纳时，要在外面套上衣物防尘罩。

小建议

如果套着洗衣店的防尘袋，湿气就会一直闷在里面，因此一定要拿掉。

Step 3 规定收纳空间，放不下就扔掉

学会断舍离，确保收纳空间

换季是整理日益增多的衣服最好的时机。自行制定标准，果断扔掉不需要的衣服吧！

这样的衣服就扔了吧

今年一次都没穿过的衣服

去年夏天穿了，今年却没穿……这样的衣服就可以列入断舍离清单了。如果觉得明年也不会再穿，就扔了吧。

不符合年龄或过时的衣服

不符合年龄或过时的衣服，穿了也会觉得别扭。如果无法判断，就穿上对着镜子照一照，要是觉得难看就果断扔掉吧！

不合身的衣服

体型在短时间内一般是不会发生太大的变化的。如果衣服变紧或变松了，就扔掉吧。穿着和自己现在的体型相适的衣服，才会更好看。

也可以回收旧衣。

垃圾袋

第 **2** 章

收纳的基本

防虫剂的种类和特征

为了让重要的衣服能够穿得久一点，在收起来的时候可以使用防虫剂。
了解各种功效后，再根据衣服的种类选择适合的防虫剂吧。

种类	特征	适用的衣服、材质	注意事项
对二氯苯	见效最快的除虫剂，但消耗也很快	羊毛、丝绸、棉、皮	不可以和拟除虫菊酯类杀虫剂以外的杀虫剂一起使用。不能用于聚氯乙烯（PVC）、串珠、亮片等塑料制品、金线、银线、人造革等
樟脑	提炼自樟树的防虫剂，自古就被广泛使用。不易对金线、银线、金箔产生影响	几乎所有材质	不可以和拟除虫菊酯类杀虫剂以外的杀虫剂一起使用
萘	见效慢但持久，可以放在很长一段时间都不会打开的收纳盒内	羊毛、丝绸、玩偶	不可以和拟除虫菊酯类杀虫剂以外的杀虫剂一起使用。也不能用于聚氯乙烯（PVC）
拟除虫菊酯类	无臭无味，使用方便，可维持半年到一年	羊毛等几乎所有材质	避开铜等金属制品。因为无臭无味，容易被忘记，所以千万不要忘记更换

衣服

重要的衣服

需要认真护理

重点

送洗后的礼服要挂在防尘罩里

皮革类衣服可以用专用的洗涤剂

皮革、毛皮类的衣服要注意防潮

礼服

套上衣物防尘罩

从洗衣店拿回来之后，取走透气性差的塑料外罩，换上衣物防尘罩。

小物件统一放在礼服附近。

小物件放在一起

胸针、小丝巾和零钱包等搭配礼服的小物件可以统一放在一个盒子里，以备不时之需。

皮夹克

当季

勤护理

穿过后，用柔软的纱布等将污垢、灰尘擦掉。污垢比较严重时，可以使用皮革专用的洗涤剂。

换季

去除湿气，挂起来收纳

用肩部较厚的衣架挂起来收纳。每隔几个月拿出来晾一下，防止长霉。

皮草

当季

发现脏污擦一下就好

穿过后用手或刷子整理一下毛，同时除去灰尘。如果有汗液或异味，可以将洗衣液倒在清水中稀释一下，然后将抹布放进去浸湿，拧干后轻轻地擦拭。逆着毛也要擦拭。

换季

注意不要让防虫剂接触到皮草。

套上衣物防尘罩后再收纳

做好除尘等护理工作后，挂在衣架上晾干。然后套上皮草类衣服专用的防尘罩收纳起来。收纳时，前后要保持一定的距离。皮草容易长虫，不要忘了放除虫剂。

和服

* 这种方法也适用汉服等大件的、不规则的衣服。

1 通风晾干后再折叠

脱下和服之后，挂到和服专用的衣架上，晾置半天或一天。

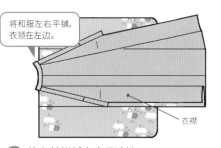

将和服左右平铺，衣领在左边。

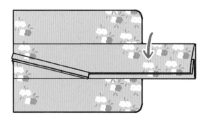

衣襟

2 将右前襟折向自己这边

将和服平铺，衣领在左，下摆在右。然后沿着衣襟线将右前片的衣襟折向自己这边。

3 将左前襟和右前襟重叠在一起

将衣领向内折叠，然后将上方的衣领、衣襟和下摆对准下方的位置折叠，使各个部位重叠在一起。

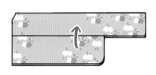

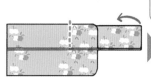

每年都要拿出来通风晾置一次。

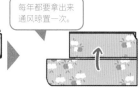

4 沿着背中线对折，让两边的腰线和袖子重叠

将上方的腰线对准下方的腰线折叠。折出明显的背缝，左右两边的袖子也要充分重叠在一起。然后将上面的袖子往上折。

5 折叠衣片后翻过来

拿起下摆，根据包装纸的尺寸，将衣片对折或三折。然后拿起两端，将衣服翻过来。

6 1年晾置1次，以防虫蛀

下方的袖子也同样往上折。如果是长袖的和服，还要根据包装纸的大小，将袖子折叠成合适的长度。最后用包装纸包起来。

小配件

腰带

以防褶皱，可以折成五角形。先将一端稍微斜向折叠，折出五角形的轮廓之后，将剩余部分一层一层缠绕上去。

绳带

衣服上的绳带容易弄得乱七八糟，可以折成合适的长度，再用纸卷起来。

请将小配件收纳在箱子或空纸盒里。

伊达缔、半襟

伊达缔和半襟手洗之后，要充分晒干。叠的时候注意不要起褶子。

衣服

穿搭配饰

巧妙地收纳小配饰

重点

- 规定每种单品的收纳场所
- 材质脆弱的单品要防止变形
- 喜欢并常用的物品可以展示出来

帽子

衣架 & 挂钩

将棒球帽串在圆环上挂起来

收纳棒球帽时，可以使用文具用品圆环。先在衣架上挂几个圆环，然后穿过棒球帽的调节带，将其挂起来。

统一棒球帽的朝向，不仅可以挂得更多，还会显得非常整齐。

收纳盒

同类型的帽子可以叠放

设计相似的帽子或布帽子可以叠放在抽屉型的收纳盒内。叠放时注意避免变形。

挂钩

让爱用品成为室内装饰的一角。

挂在墙上做装饰品

墙面也可以用来收纳。装上挂钩，然后将喜欢的帽子挂上去，还可以装饰房间。

小妙招 👍

自制帽托，防止变形

材质比较脆弱的帽子可以自制帽托来收纳。将透明塑料膜片或硬纸板剪成合适的尺寸，然后卷成圆筒状，并用胶带固定。最后将帽子放上去即可。也可以叠放 2~3 个。

因为空间比较开放，所以还能防潮，一举两得。

S 形挂钩

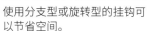

挂在衣柜里收纳

日常使用的包可以用 S 形挂钩挂在衣柜里。不仅拿取方便，还不会造成损伤。

使用分支型或旋转型的挂钩可以节省空间。

按照包的大小或形状来挂，可以让整体看上去更整洁。

收纳盒

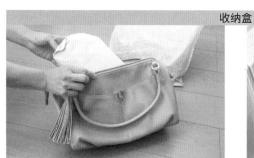

放入填充物防止变形

为了防止变形，可以往包里填充报纸或包装纸。如果包的材质比较脆弱，则放入布袋。

不常用的包收在衣柜中

宴会等特殊场合才会用到、平时不常用的包可以放入抽屉式收纳盒，收进衣柜里。

收纳盒、收纳篮

卷起来收纳

环保购物袋或布袋可以卷成圆筒状，放入收纳篮或收纳盒。需要的时候能够马上拿出来，十分方便。

小建议

平时购物经常使用的环保袋，建议放在醒目的玄关或厨房等地，避免自己忘记带。

首饰（项链、耳环）

软木板

将首饰固定在软木板上

容易缠绕在一起的项链最好挂起来收纳。可以把软木板当作画框来布置，然后用图钉等将首饰固定在上面。这样一来，软木板瞬间就变身为室内软装。

制作方法

1 将自己喜欢的美纹胶带贴到软木板的四条边上。

2 定好挂项链的位置，插入图钉或螺丝。

\完成/

花点小巧思，就能把软木板装饰得赏心悦目。

密封袋

避免项链打结

如果直接放入盒子，可能会导致不同项链缠在一起，或是耳环少了一只的情况。这时，将每一件饰品放入小的密封袋中收纳，就能避免这些问题。

一个袋子只放一种饰品。

小妙招 👍

项链挂在衣柜里

容易打结的项链可以挂在挂物架或领带架上，收进衣柜里。不仅取用方便，还更方便搭配。

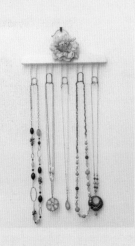

可以用来挂常用的首饰或容易打结的长首饰。注意不要挂太多。

首饰（戒指）

首饰收纳架

也可以和首饰架摆在一起当作装饰。

平时常戴的首饰

结婚戒指等每天都戴的饰品，摘下来后挂在首饰架上，就不用担心会丢失了。底盘上还可以放耳环、耳钉等。

密胺海绵

自制戒指盒

按照收纳戒指的盒子的尺寸，裁剪密胺海绵。然后用小刀在上面划一道长约 1cm 的切口，插入戒指。

发饰

格子收纳盒

小建议

孩子的发饰特别容易买多，除了要做好收纳之外，还必须控制数量。

按照种类、颜色收纳

橡皮筋、发卡等容易七零八落的发饰，要按照类别装在格子收纳盒内。如果能在此基础上再进一步按照颜色归类，用起来就会更加方便。特别是一些零碎的发饰，建议使用带盖子的收纳盒，并养成用完放回原位的习惯。

小妙招 👍

打结的链子可以用淀粉或痱子粉解开

当链子缠绕在一起，怎么也无法解开时，可以在缠绕的部分倒上少许淀粉或痱子粉，然后用手指轻轻揉搓。这样就能轻松解开了。

1 缠绕在一起之后，不要强行解开。可以在上面倒一点淀粉或痱子粉。

2 轻柔地揉搓开，以免链子受损。

眼镜、手表

托盘

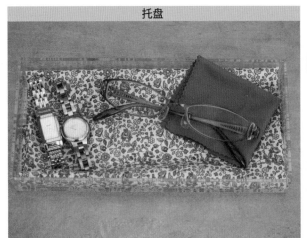

小建议 💡

根据自己的生活习惯，将
托盘放在更衣室、床头柜
或电视柜等。这样就不会
找不到了。

养成摘下之后放回托盘的习惯

眼镜、手表摘下来后往往会被随手
乱放。可以放在固定位置的托盘
内，并养成摘下来之后放回原位的
习惯。托盘里建议铺一块柔软的布，
眼镜布也一并放入。

手机

收纳篮、收纳盒

放在电视机
旁边等容易
找到的地方。

固定位置，以免丢失

经常忘记放在哪里的手机，应固定一个放置的场所。遥控
器等如果也固定放在一个地方，整理起来就会比较方便。

化妆品、护发用品

收纳篮、收纳盒或专用的收纳箱

按类别放置。

竖着收纳在格子里

化妆品的尺寸和形状
各不相同，收拾起来
非常令人头疼。选择
带格子的收纳盒或专
用的化妆箱，将它们
竖着收纳起来。这样
不仅能快速找到，还
能防止液体漏出来。

护发用品放在收纳筐中

护发用品比较高，要放在比较深
的收纳筐里。使用的时候，可以
将整个收纳筐拿出来，非常方便。

领带、腰带

领带架	收纳箱、收纳筐

塞太多，会造成褶皱。

使用可以挂很多领带的专用衣架

领带专用衣架可以将领带夹住，防止其滑落，而且可以挂数件。但是不要挂太多，以免超重。腰带也同样。

放进去时统一大小

放在收纳箱或收纳筐中时，注意折叠方法。领带要轻柔细致地卷起来。

丝巾、围巾

衣架	收纳筐

可以用防滑衣架

丝巾、围巾建议使用防滑衣架。放入衣柜的时候，注意不要起褶皱。

卷成蓬松的筒状再收纳

如果没有挂起来收纳的空间，可以卷成蓬松的一团，然后放入收纳箱或收纳筐。这样既不会有折痕，也能防止褶皱。卷得小一点，还可以排两列。

小建议

将丝巾对折成一半的长度，然后绕在手上一圈一圈地卷起来，就可以卷出蓬松感。

小妙招👍

巧用身边的物品

巧用身边的物品代替专用的收纳盒。一些奇思妙想可以化腐朽为神奇，令一些物品摇身一变，成为小帮手。

也可以使用塑料瓶。

冰格

将戒指、耳环放在冰格的格子中。

鸡蛋盒

纸制的鸡蛋盒很结实，适合分装。

牛奶盒

剪成小盒子，可以用来收纳围巾或腰带。

収纳的基本

鞋柜收纳

鞋子

只把平时会穿的鞋子放在鞋柜里，以便存放和拿取。
其他鞋都装在鞋盒里收纳。

Step 1 保持适当的间隔

不要塞得密密麻麻

鞋柜里如果密密麻麻地摆满了鞋，将不利于存放和拿取，也无法维持干净整洁的状态。不仅如此，还会导致湿气难以散去，形成异味，甚至可能造成鞋子变形。将特别的鞋装在鞋盒里，存放在储物间，会让鞋柜处于相对宽松的状态。

Step 2 按照鞋子种类收纳

根据鞋子的高度、鞋面的宽度规定收纳场所

大致地将鞋子分为鞋面宽但不高的皮鞋、运动鞋，鞋面窄稍微有点高度的高跟鞋，以及高度更高的长筒靴，然后规定每种类型的鞋子收纳在哪里。定好场所之后，可以通过调节隔板的高度、使用收纳工具、调节鞋子朝向等方法来提高空间的有效使用率。这样一来，存放和拿取的时候就会变得很简单。

皮鞋、运动鞋

皮鞋和运动鞋的鞋面较宽，占用的空间比较大。只把常穿的放入鞋柜，不需要的就扔掉。

高跟鞋

高跟鞋的鞋跟高度各不相同，看上去十分不整齐。可以巧用收纳工具来让它们变得整洁。

长筒靴

冬天的时尚单品在收纳的时候十分碍事。只在冬天的时候，把它们放在鞋柜里。

高筒的长靴一律收进鞋盒里
鞋筒特别高的长筒靴应放在鞋盒里，收纳在别的地方。这样就不会占用鞋柜的空间，让鞋柜里显得宽松点。

上下双层收纳
在网上等平台可以买到能上下双层收纳的鞋托，提高鞋柜的收纳能力。

放在方盘里，防止变脏
凉鞋等夏天的休闲鞋可能会沾上沙土，为了打扫方便，收纳时请放在方盘里。

以头尾相反的方式收纳
鞋面宽的鞋子以头尾相反的方式收纳，节省空间。

收纳在高处时，鞋跟朝外
收纳在高处时，鞋跟朝外可以让拿取和存放都变得更简单。

Step
3 过季的鞋子
收在鞋盒内

让心爱的鞋子穿得更久

不穿的鞋子一直放在鞋柜里，可能会发霉受损。将它们一只一只细致地清理过后放入鞋盒里存放。

1 清理污垢
将鞋子上的灰尘、污垢清理干净，并做好护理之后，放入鞋撑，避免鞋子变形。

2 将防潮剂放入鞋盒
皮鞋不耐潮，因此要将防潮剂也放入鞋盒。不仅可以防霉，第二年穿的时候也会比较舒适。

3 贴标签标注
在鞋盒上贴上标签之后，再放入壁橱或衣柜的空余空间。这样不用打开鞋盒也能知道里面放的是哪双鞋子。

Check!

善用辅助工具，会让鞋子的收纳空间加倍

市面上有很多高跟鞋、小皮鞋、运动鞋等各种鞋型专用的收纳工具，可以用来提高鞋柜的收纳效率。除此之外，还可以使用挂杆、收纳筐等来提高收纳能力。

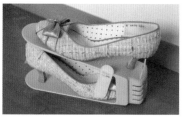

用辅助工具，节省一半收纳空间

使用能将鞋子上下双层收纳的鞋托，只需1只鞋的空间，就能收纳2只鞋，非常节省空间。拿取时，将整个鞋托拿出来即可。

用伸缩杆收纳高跟鞋

在隔板和隔板之间安装一根伸缩杆，然后将一只鞋子放在里面，另一只鞋子的后跟挂在伸缩杆上，朝向外面。这样一来，带跟的鞋子就可以叠放了。

孩子的鞋子统一放在收纳筐里

孩子的鞋太小了，不适合直接排列在鞋柜中。为了能快速拿出来，将孩子的鞋统一放在收纳筐中。

鞋子

鞋柜周边的物件

随手整理，节省空间

重点

● 善用小空间，提高收纳效果
● 利用收纳筐存放小物件
● 做好防潮、除臭措施

拖鞋

| 收纳筐 | 拖鞋架 | 架子 |

当作室内装饰

拖鞋要竖起来收纳。漂亮的收纳筐放在玄关的一侧，还可以起到装饰的作用。

既通风又干净

在鞋柜的侧面安装拖鞋架。虽然能收纳的数量不多，但也能有效利用空间。

选择细长型的架子

能挂好几双鞋子的细长型架子也很受欢迎。根据自家玄关的空间，选择合适的架子。

保养工具

小建议 💡
放在一发现污垢就能马上拿到的地方。

统一收纳在鞋柜的一角

刷子、去污剂和鞋油等保养工具统一放在收纳筐中，存放在鞋柜的一角，以便随时取用。

伞

| 伸缩杆 | 收纳筐 |

无法直接挂起来的折叠伞等可以用S形挂钩挂起来。

雨衣也放在这里。

安装在玄关的空余空间

因空间有限无法放置伞架时，可以在玄关的空余空间安装一根伸缩杆挂伞。

折叠伞也可放在收纳筐内

如果折叠伞较多，就用收纳筐进行收纳。将收纳筐放在玄关，这样着急出门的时候，就不用特意去找了。

鞋柜的防潮、除臭措施

鞋子容易被脚汗、积水、雨水等浸湿。
从外面回来后，如果不擦干鞋子内外的水分，
脱下来之后直接放入鞋柜，就会产生异味和霉菌。
先养成"把穿了一天的鞋子放在室外晾一天后再收纳"的习惯吧！

第

2
章

收纳的基本

针对异味

小苏打
将用于打扫的小苏打
装入纸杯，然后用纸
巾和橡皮筋将杯口封
住，放在鞋柜中容易
堆积异味的最下面一
层的两侧。

鞋柜内的臭味是
细菌分解污垢产
生的。这些成分
是酸性的，因此
可以用碱性的东
西来中和。

针对滋生霉菌的罪魁祸首——湿气

除湿剂（除湿贴）
市面上含钙或炭的除
湿剂可以同时解决湿
气和异味问题，非常
方便。请放在鞋柜最
下面一层的两侧。

鞋子和伞不可以
湿着收纳。用除
湿工具能让玄关、
鞋柜保持干燥。

小妙招 👍

通过消毒酒精消灭鞋子上的霉菌

容易被脚底出的汗和雨水等浸湿的鞋子，
随时都有可能长霉斑。除了皮鞋之外，
布制的运动鞋、凉鞋、长筒靴等所有类
型的鞋子，都要用消毒酒精擦拭，并干燥。

针对鞋子上的霉斑

先用消毒酒精擦掉霉
斑，再用皮革专用的
弱酸性洗涤剂清洗干
净，最后使其充分干
燥。市面上也有除霉
专用的皮革洗涤剂。
如果是平时不常穿的
鞋子，可以考虑扔掉。

针对鞋柜里的霉斑

扔掉已经长霉的鞋盒
或容器。用消毒酒精
擦拭鞋柜内部之后，
打开鞋柜门，使其充
分干燥。潮湿的鞋子
要晾干之后再放进去。

101

壁橱收纳

壁橱的收纳空间意外地很宽裕。
固定床上用品的收纳位置，以便能够快速取出。

Step 1 分类

按照使用频率或大小分类

壁橱又宽敞，进深又深。根据使用频率或床上用品的大小，规定收纳的场所，可以更有效地利用壁橱。

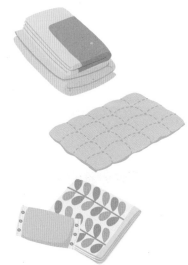

每天都用的床上用品

褥子、被子等全年都会使用的日常床上用品，放在容易存取的地方。

暂时不用的床上用品

毛毯、羽绒被和加绒床单等只在特定季节使用的床上用品，大部分体积都比较大，因此过季之后，要存放在被子收纳箱中。

枕头等小件床上用品

为了方便取用，床单、毛巾毯等可以叠成小块的床上用品，以及枕头、替换用的枕套等，要和被子放在不同的区域。

Step 2 分区

分割空间是提高利用率的关键

用伸缩支架或收纳盒将空间分隔成左右两边，更利于收纳。而且，还可以防止被褥倒塌，从而让壁橱保持整洁。

小建议

分隔空间不仅有利于收纳，还能让拿取也变得很轻松。

按照床上用品的大小来分隔

测量出被褥的宽度之后，用伸缩支架做出隔断。不同尺寸的床上用品收纳在不同的地方，会让整体看上去更加整洁。

支架

收纳盒

集隔断和收纳于一体

将几个收纳盒叠放在一起，就能充当隔板了。注意不要叠太高。

将收纳盒放在被子下面

将收纳盒水平排列在一起，然后在上面放一块木板架，最后将被褥放在木板架上。不要放太多，以免过重。

③ 固定收纳位置

固定收纳位置后，存放和拿取都会变得容易

根据使用频率，即每天都要使用的，还是只会在特定季节使用的，来固定壁橱内的收纳位置。尺寸大或分量重的床上物品，要放在便于拿取的高度。

每天都用的床上用品

壁橱的上层是最容易存放和拿取的地方。先在那里铺设一块木板架，防止潮湿。然后将日常使用的床上用品叠放在木板架上面。

暂时不用的床上用品

用收纳盒或压缩袋等收纳。除了顶柜之外，也可以用伸缩杆做出隔断，将床上用品竖着收纳。

第 **2** 章 收纳的基本

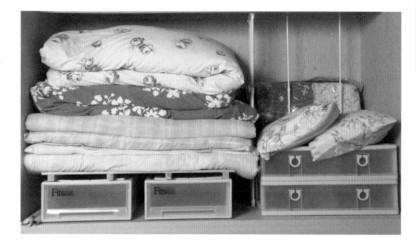

枕头等小件床上用品

利用隔断将枕头、床单、毛巾毯等统一放置在固定的地方。零碎的东西放在收纳盒内。

注意

放在收纳盒上的东西如果太重，会将其压坏。要多加注意。

如何善用拿取不方便的壁橱下层

壁橱的下层很难看到里面，不方便拿取。不要把东西直接放进去，要用带脚轮的收纳家具或带抽屉的收纳盒。这样不仅能有效利用空间，取用也更加方便。

可以代替柜子的抽屉式收纳盒

如果使用带盖子的收纳盒，那么每次拿取的时候，就必须把收纳盒一个一个拿出来。尽量选用抽屉式收纳盒。

便于拿取的带脚轮收纳架

带脚轮的收纳架非常便于拿取。日常使用的物品也可以存放在这里。

床上用品

被褥、毛毯等

折叠整齐，以免散落

重点

● 不同种类的被褥，用不同的折叠方法

● 收纳被子时，要做好防螨、防霉措施

● 收纳工具可以让空间变得更整洁

被褥

被子

先左右对折，再上下对折

左右对折后，再上下对折，会更稳定。

褥子

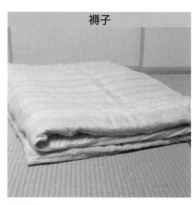

风琴折

握住褥子的一端，按照风琴折 Z 字形的方式折叠。

毛毯

1 左右对折

毛毯和被子一样，先左右对折。

2 叠成小块

上下对折，然后根据收纳空间或收纳盒的尺寸，继续对折或三折。

Check!

叠棉被时灰尘和棉絮会四处飞散，一定要事先开窗通风

叠被子的时候，被子里的灰尘和棉絮可能会飞散到整个房间，一定要提前开窗换气。过敏体质的人尤其需要注意。

压缩袋

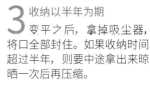

1 叠成压缩袋的大小
叠成能装进压缩袋的大小。冬季用的羽绒被等季节性的被子，要经过晾晒，并等热气完全散去后再收起来。

2 用吸尘器压缩
关闭压缩袋，留一个口，插入吸尘器的吸嘴，将袋子中的空气抽走。也有为了方便抽气而自带气阀的压缩袋。

3 收纳以半年为期
变平之后，拿掉吸尘器，将口全部封住。如果收纳时间超过半年，则要中途拿出来晾晒一次后再压缩。

被褥收纳袋

抱枕套

做好防螨、防霉措施
现在有很多功能型的收纳盒，比如材质经过防螨防霉加工的等。选择合适的收纳盒收纳。

收纳的同时兼做抱枕
将折叠好的毛毯放入抱枕套，就可以在其他季节使用了。市面上还有毛毯、被褥专用的抱枕套。

小建议
收纳期间，不要忘了定期晾晒、清洗。等到了要用的季节，也要护理过后再使用。

小妙招

用旧报纸或木板架做好防潮措施

湿气是造成螨虫和霉菌的一大原因，为了防潮，将被褥放入壁橱时一定要先铺一块木板架，并在缝隙间塞入报纸。

在被子下面铺一块木板架，有助于提高透气性。

将报纸卷成细长条，塞到缝隙中。报纸变湿之后，及时更换。

床上用品

床上用品的护理

经常护理，保持干净

重点

- 勤晾晒，去湿气
- 有些材质的床上用品必须阴干
- 被套类的床上用品要定期清洗

被褥

用被褥夹子夹住，以免掉下去。

1 容易积攒湿气的一面朝上

将和身体接触的一面朝上晾晒，除去湿气。晒大约 1 个小时之后翻面。棉被可以晒太阳，但羽绒被必须阴干。

2 不可以拍打被褥

拍打被褥之后，全棉的碎纤维会变成灰尘，在房间内飞舞。如果觉得有灰尘，就用吸尘器清理。

被套、枕套

定期清洗

被套、枕套上有很多灰尘。床单也会因汗液等变脏，当觉得不舒服时，请立即清洗。

小建议

尽可能 1 周清洗 1 次。夏天更要经常洗。

▼床单、被套的清洗方法参考 P147

Check!

被褥中的棉花被重新弹过之后，即可焕然一新

用的时间一长，被褥就会变平。此时，只要将里面的棉花重新弹一遍，被褥就会焕然一新。除此之外，重弹棉花还可以除螨除尘，提高保温性和吸湿性。可以咨询一下专业护理被褥的店铺。

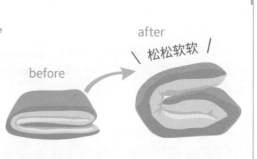

before

after

松松软软

枕头

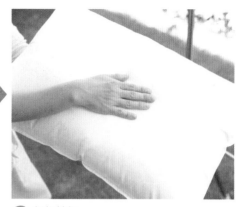

1 挂着晾晒
如果不知道该把枕头放在哪里晾晒，就将钢丝衣架撑成圆形，然后把枕头塞到里面，挂到晾衣竿上。这种方法透气性很好，推荐使用。
▼枕头的清洗方法参考 P143

2 轻轻拍打
晒完之后，轻轻拍打。聚酯棉枕头和软管枕头等可以日晒，而记忆枕头和羽绒枕头等则必须阴干。

床垫

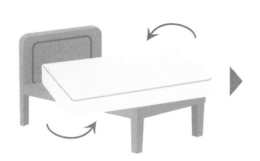

1 定期翻面、上下颠倒
无法晾晒的床垫需要每 1~3 个月正面背面、上下颠倒 1 次。每 3 个月晒 1 次太阳。薄褥垫要经常更换。

2 用中性洗涤剂去除污垢
如果床垫上有污垢，就用纱布等蘸取稀释过的中性洗涤剂，进行擦拭。如果有异味，建议喷洒织物专用的除臭喷雾。
▼天然香薰喷雾的制作方法参考 P166

Check!

梅雨季、花粉季或没时间晾晒时该怎么办

床上用品如果长时间无法拿到外面去晾晒，睡觉的时候就会感觉不舒服。建议在窗边摆放几把椅子，或使用专用的工具晾晒。

●**忙的时候，放在窗边晾晒**
在可以晒到太阳的窗边摆放几把椅子，然后把被褥摊开放在上面。只要这样，就可以获得在外面晾晒的八成效果。

●**盖一层黑色的塑料袋**
在被褥外面盖一层黑色的塑料袋，既可以防止花粉，还能更好地吸热，让被褥干得快一点。

●**被褥烘干机 + 吸尘器**
要想彻底消灭螨虫，必须要让被褥在 50~55℃的环境中待 50 分钟。可以在下面铺一层木板架，然后打开被褥烘干机，如果再用被褥专用的吸尘器将螨虫的尸体全都吸走就更完美了。

生活杂物

书、CD、文件等

超过规定的量后，就分开收纳

重点

● 收纳空间无法负荷时就扔掉

● 准备专用的收纳盒和文件夹

● 和家人共享收纳场所

书、杂志

> 收纳盒满了，就扔掉不需要的。

找一个地方收纳正在读的书

书和杂志总是在不知不觉中越变越多。请固定一个地方，只存放正在读的书。读完后再决定是扔掉还是收藏。

分类收纳更整洁

杂志容易凌乱，要定期对其进行分类，将相同的杂志放在一起。然后放入贴着标签的文件收纳盒即可。

CD、DVD

光盘收纳册

扔掉外壳，统一收纳

CD、DVD 数量较多时，扔掉外包装壳，将光盘统一收纳在专用的收纳册内，节省空间。

专用收纳箱

连带外壳一起收纳

如果使用塑料或无纺布制造的专用收纳箱，或者尺寸刚刚好的专用家具，可以连带着外壳一起将 CD 和 DVD 收纳起来。

避免堆积如山 小妙招

装不下的东西就丢掉

想要生活得舒适，但是东西却越堆越多，让人备感压力。固定好收纳空间，如果装不下了，就扔掉不需要的东西。

before
不可以在整理东西之前，添加收纳盒！

after
规定好收纳盒的数量，并做好整理工作，就可以变得很整洁！

文件（账单、打印资料等）
[每天都会增加的文件]

1 分类后放入透明文件夹
购物小票、电费和燃气费账单、孩子学校发的资料等，可以先将资料进行分类，然后装入不同的透明文件夹。

2 大致地归类
将分好的透明文件夹大致地归类为家庭相关和学校相关的东西。然后将同一类别的东西放入相同的文件收纳盒。制定规则，定期处理。

> 小建议 💡
> 如果没有时间，可以先设置一个临时存放地。等有时间整理时，再一次性进行分类。

文件（说明书、售后保障书）
[会时不时拿出来的文件]

1 说明书和售后保障书放在一起
为了在发生故障的时候能够马上处理，务必将家电产品的使用说明书和售后保障书放在同一个透明文件夹中。

2 对透明文件夹进行分类
将透明文件夹分成家电产品、贵重物品等类别，分开存放。这样一来，在需要的时候就能立即拿出来。

> 小建议 💡
> 可以放在家电产品等附近，以便快速拿取，进行确认。也可以统一放在固定的地方。

文件（合同等）
[必须要妥善保管的重要文件]

1 放在非透明的文件夹中
合同、证书一定要放在专用的文件夹中。如果是重要的资料，则最好选择非透明的文件夹。

2 统一放在文件收纳盒内
按照家庭成员、保险类型等，对资料进行分类。然后统一放在文件收纳盒或柜子里，妥善保管。

> 小建议 💡
> 必须让家里人都知道保管的场所，以免不时之需。

生活杂物

照片、玩具等

根据用途分类

- 纸制物品放在专用文件夹中
- 难以保管的立体作品拍照留念
- 经常使用的东西放在方便拿取的地方

照片

用相册收纳

只打印想留下的照片

选择喜欢的照片，打印出来，然后保存在相册中。数据可以备份在 U 盘或网盘中。统一相册的尺寸，收纳效果会更好。

作为装饰

喜欢的照片可以装饰起来

照片容易在相册中积灰，与其这样，不如贴在软木板上做装饰。

纪念品

图画、卡片等

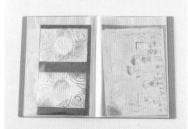

用透明文件夹制作作品集

孩子画的画及制作的卡片实在是不想扔掉。那就放在透明文件夹中，当作作品集来欣赏吧！

立体工艺品等

拍照留念

除了非常想留下来的作品之外，其他作品都拍成照片，然后扔掉。照片可以放入相册，妥善保管。

小妙招 👍

装饰在用硬纸板做成的展示板上

卡片或画可以贴在手工制作的板上。只要将布贴在硬纸板上即可，既可以装饰房间，还能用来保存孩子的手工作品。

材料

硬纸板、布、绳子、胶水

制作方法

❶将硬纸板剪成长方形，将布剪至能将硬板纸包裹住的尺寸。

❷在硬纸板上涂抹胶水，将布贴上去。

❸装上绳子，挂到墙上。

玩具

按照尺寸进行分类并收纳

将玩具分类后再收纳，比如玩偶放在布艺收纳桶里，积木放在带盖的小篮子里等。只需放进去即可，孩子也可以轻松地收拾。

分颜色收纳孩子的物品

家里有多个孩子时，就将他们各自的玩具放在自己专用的收纳盒里。准备不同颜色的收纳盒，让孩子自己收拾吧。

第2章

收纳的基本

体育用品

按照用途收纳

将用途相同的东西，比如在公园使用的跳绳和飞盘等，放在同一个收纳筐中，并放置在玄关等容易拿取的地方。移动时还能连带着收纳筐一起拿走。

按照季节分类

游泳用品、滑雪服等季节性的体育用品，按照季节分别放入不同的收纳筐或收纳盒中。这些收纳盒可以放置在壁橱顶柜等不便拿取的地方。

室外玩耍的玩具收纳在筐里

将在公园玩沙子用的玩具等统一放在橡胶筐或水桶中。清洗也非常方便。

休闲及室外用品

放在纸箱中

帐篷、烧烤用的烤炉等大件物品可以统一装在纸箱中，存放在杂物间等地。

贴标签

在容器的侧边贴上标签，让人看一眼就能知道里面装的是什么。

餐具类杂物放在厨房

野餐时用的盘子、叉子、水杯等小物件，统一收纳在厨房会比较方便。

生活杂物

生活清洁用品

同类别的东西存放在一起

重点

- 根据使用频率选择收纳场所
- 统一放在收纳筐或收纳篮中
- 灵活使用伸缩杆

洗涤剂、打扫工具
[洗脸台下方]

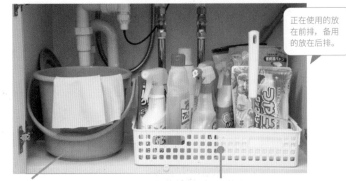

> 正在使用的放在前排，备用的放在后排。

打扫工具统一放在水桶中

抹布、刷子和橡胶手套等在用水区域使用的打扫工具，统一放在水桶中。这样拿取会比较方便。

洗涤剂整齐地放在收纳筐中

将洗涤剂统一存放在专用的收纳筐中，而不是四处分散放置。

毛巾、洗衣用品等
[洗漱间的架子]

暂时不用的物品放置在上层

新毛巾、替换用的擦脚垫等存放在上层或吊柜中。

使用频率高的物品放置在中层

使用频率高的毛巾、洗衣用品等存放在容易拿取的中层。洗发水的替换装等也要放在容易看到的地方。

> 洗发水的试用装等也要存放在一起。

吹风机等放置在接触不到水的地方

为了防止被水弄湿，吹风机等家用电器要放在收纳筐中后再放到架子上。

小建议 💡

可以将毛巾放在收纳筐内。叠好后放入筐中，然后直接连带着筐一起放到收纳架上。

卫生间用品

伸缩杆

只需3根伸缩杆，即可做成收纳架

像卫生间这样狭小的空间正是伸缩杆大显身手的地方。安装的时候要保持水平，不能倾斜。

1 1根靠墙边安装，1根安装得稍微高一点，和第1根保持能放置厕纸的距离。

2 最后1根安装在天花板附近，用来挂遮帘。

橡胶桶

清洗方便

打扫工具可以收纳在橡胶桶中。脏了可以清洗，非常方便。

收纳筐

可以用来做装饰

可以用外形可爱的收纳筐装饰卫生间。放在地上时容易积灰，可以放在置物架上。框内放少量够用的物品即可。

小建议

如果介意灰尘，就用布盖住。注意不要放太多。

保持整洁、美观的
小妙招

在颜色和装饰上花点心思

我们每天要多次使用卫生间。为了能够愉快地使用，可以在装饰上稍微花点心思。但是如果装饰得太过了，又会增加打扫的负担，一定要把握好度。

统一颜色

统一马桶套、脚垫、厕纸架的颜色，可以让整体看上去和谐美丽。

用小花篮装点

在小花篮中放入一些花和绿叶进行装饰，打造出一片令人放松的空间。

厨房用品

餐具等

充分利用有限的空间

● 将餐具分类后再收起来
● 收纳时要考虑使用频率和形状
● 利用收纳筐和收纳工具

容器

上层收纳使用频率低的容器

橱柜的上层不易拿取，可以将容易握住的大盘子、不常使用的容器等放在上层。堆叠太多层的话，拿取时会有危险，要多加小心。

常用的容器放在中下层

平时使用的容器放在容易拿取的中下层。用小架子再隔成两层的话，还可以提高橱柜的收纳能力。

浅盘可以竖着放在收纳筐中

家里浅盘较多，将它们摞在一起不仅占地方，而且不方便拿取下面的盘子。将它们竖着放在收纳筐内。

收纳筐中垫一层布的话，有来客时，可以一起端出去。

马克杯、玻璃杯放在收纳筐中

大家使用马克杯或玻璃杯时，总是会不自觉地把手伸向自己眼前的那一只。放入收纳筐后，最里面的杯子也能毫不费力地拿出来。而且，还可以将整个收纳筐一起端到餐桌上。

刀叉、餐巾等

刀叉

刀叉容易增多，但如果对平时使用的刀叉严加挑选，就能收纳得很整洁。可以根据种类、长度进行收纳。

便当袋、餐巾等布类

准备一个可以放入抽屉的收纳筐，然后将这些布类物品折叠成相同的尺寸，放入收纳筐中。竖着收纳更便于拿取。

保鲜盒、便当盒

盖子和容器分开放
经常使用的保鲜盒，盖子和容器应该分开叠放，这样就不会占用太多空间。购买的时候，建议选择可以叠放的类型。

统一放在收纳筐内
便当盒统一收纳在大号收纳筐内。刀叉、湿巾等也一起放在里面。

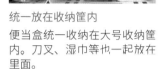

小建议
做便当时会用到的工具，最好也统一放在附近。

保鲜膜、锡纸

放在能马上拿取的抽屉里
做菜过程中经常会用到保鲜膜和锡纸，可以将它们放在灶台附近的抽屉里，方便拿取。

使用挂架合理利用死角区域
用可以挂在橱柜或吊柜上的挂架进行收纳，还能合理利用死角区域。

蛋糕模具、小叉子等

小物件要细分
蛋糕模具、小叉子等容易散乱的小物件，要按照类别放在不同的容器中，不仅整洁，也更方便拿取。

Check!

让收纳空间加倍的小帮手

将盘子竖着排放在收纳筐内，或使用置物架将收纳空间分成两层，可以更有效地利用狭窄的空间。

塑料筐、文件收纳盒
将餐具像文件一样竖着收纳，可以节省空间。尽量将大盘子竖着收纳，避开易碎的餐具。

用双层置物架提升收纳能力
为了最大限度地利用橱柜里有限的空间，可以使用双层置物架，分两层收纳。上层放置重量轻的餐具。

厨房用品

锅具、砧板等

利用专用工具或架子收纳

● 常用的东西要收纳在灶台附近
● 平底锅等体积大的东西要竖着收纳
● 利用专用架子

[大汤勺、锅铲等]
[燃气灶附近]

插在筷筒中
做菜常用的工具可以插在材质结实的筷筒中，放置在燃气灶旁边。这样想用的时候就能马上拿出来，非常方便。

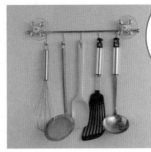

挂在墙上
挂在带挂钩的壁挂架上。只挂常用的几件，就不会显得乱七八糟了。

小建议
如果要放在抽屉里，可以使用隔板或收纳筐，根据类别或尺寸进行分类。

[汤锅、平底锅]
[燃气灶下方]

平底锅
竖着存放，更便于拿取和使用。锅盖和中式圆底炒锅也要竖着存放。如果没有安装专用的置物架，也可以用大号的文件收纳盒来代替。

汤锅
将锅盖翻过来放，就可以叠放别的汤锅，节省空间。注意大锅放下面，小锅放上面。

[沥水篮、大盆]
[水槽下方]

从大到小，层层叠加
沥水篮和大盆需要放置在有深度的地方。将最大的放在最下面，然后按照从大到小的顺序，层层叠放，就会显得很整齐。

平底方盘和蒸笼等也放在这里。

菜刀、砧板 [水槽下方或灶台上]

置物架

刀板架可以同时收纳砧板和菜刀，非常紧凑，放在外面也没问题。

水槽下方的柜门内侧

如果刀架安装在了水池下方的柜门内侧，收纳前一定要先将水渍擦干。

充分干燥后再收起来。

砧板也收纳在水槽下方

如果想要增加灶台的使用面积，就将砧板也收纳到水池下方。可以使用毛巾架等，让砧板贴着柜门背面。另外，悬挂式的架子还有利于通风，更加卫生。

调料 [水槽下方或灶台上]

瓶装调料

料酒、酱油等调料的包装瓶比较高，可以统一存放在水池下方等较深的柜子里。

统一容器的种类，会让整体看上去很整洁。

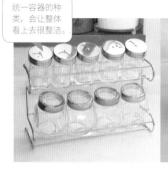

使用专用的容器和置物架

做菜时常用的调料可以倒入容器，统一收纳在专用的置物架上。置物架放在灶台一侧。盐、白砂糖等使用频繁的调料，装在能单手打开盖子的容器中会比较方便。

Check!

围裙放在哪里

令人意外的是，很多人都不知道围裙该放在哪里。其实可以将它挂起来，或者用收纳筐存放在固定场所，总之不要随手放在灶台上。

 A 女士

挂在冰箱侧面的磁铁挂钩上。不仅可以快速穿上，做完饭后收拾起来也很方便。

 B 女士

收纳在橱柜上方的大号收纳筐中。就算随意揉成一团放进去，外面也看不到。突然有客人到访时，就不会不知所措了。

专栏

\这里空着太浪费了！/

充分利用剩余空间

如果你正在为没有收纳空间而感到烦恼，那不妨确认一下家里是否有浪费的空间。
利用工具，让存放和拿取变得方便一点，收纳能力就会得到进一步的提升！

顶柜

利用收纳工具，存放使用频率低的物品

位于壁橱上方的顶柜，和壁橱一样，进深较深，如果荒置不用，就太浪费了。
利用收纳工具，可以解决存放和拿取的不方便！

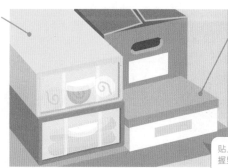

使用进深较深的透明收纳盒

在顶柜存放物品，时间一长，就容易忘记。不过，用透明的收纳盒，就能一目了然了。另外，收纳盒上如果有把手，存放和拿取也会变得容易一点。

如果要并排收纳，就把较矮的物品靠外放

有些顶柜进深较深，可以同时放两排收纳盒。此时，建议将矮的收纳盒放在前面，这样就能清楚地看到后排收纳盒的标签。

> 贴上标签，以便掌握里面的内容。

缝隙（家具之间或下面等）

想办法填补缝隙

家具和墙壁之间、家具和地板之间，无可避免地会出现缝隙。使用缝隙专用家具，或用宽度和缝隙相同的东西将其填充，有效地利用这片空间吧。

好用的带盖收纳盒

壁橱里的衣服和放在下面的收纳盒之间的缝隙，在薄款收纳盒的辅助下，也可以变身为收纳空间。建议选用带盖子的薄款收纳盒，以免积灰。

用缝隙专用家具填充

可以购买缝隙专用的家具，放在狭窄的地方。缝隙立即变身成收纳空间。经常可以在厨房和用水区域看到它们的身影。

Ironing

第 **3** 章
洗衣、熨烫、
缝纫的基本

Washing

Sewing

洗衣机二三事

洗衣机有各种各样的功能。掌握基本的使用方法，成为洗衣小能手吧！
另外，洗衣机本身也会脏，千万不要忘了定期保养洗衣机。

基本的使用方法（滚筒式）

洗衣机的作用是将脏了的衣服、毛巾等清洗干净。为此，必须根据洗衣机的容量、标准模式等，把握好要洗多少
衣服以及洗涤剂的量。

1 将要洗的脏衣服进行分类，然后选择合适的洗涤剂和洗法
白色的衣服、有颜色或花纹的衣服、面料脆弱的衣服等，根据衣服的状态，选择可以一起洗的衣服，并选择清洗方法和洗涤剂。

2 将要洗的衣服放入洗衣机，倒入洗涤剂和柔顺剂
根据洗衣机的容量，放入适量的脏衣服。然后倒入标准量的洗涤剂和柔顺剂。

3 选择"标准"模式，然后按"开始"键
洗毛巾、日常穿的衬衫等衣服时，选择"标准"模式，然后按下开始键。

基础保养

经常清理线屑、擦拭灰尘和消灭霉菌是非常重要的。不用的时候，也不要把洗衣机当作脏衣篓。要经常清理洗衣
机里面的过滤袋，并打开洗衣机门，让洗衣槽充分干燥。

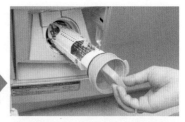

1 擦干洗衣机里面的水分
当洗衣机门周边以及密封圈上残留有水分时，及时用抹布擦掉。放任不管的话，会长黑色霉斑。

2 擦拭洗涤剂注入口和机身
无论是洗衣粉，还是洗衣液，洗涤剂都容易凝固。要经常擦拭。当污垢难以去除时，可以用热水擦。

3 每次洗衣服，都要清理线屑过滤器
过滤器中除了线屑之外，还会有食物的残渣和头发等。需要经常清理。

防止洗衣槽滋生霉菌

洗过的衣服上出现黑色的污垢或异味……这些都是洗衣槽内已经滋生霉菌的证据。建议每两个月做 1 次防霉工作。使用洗衣机专用的除霉剂，清洗效果更佳。

选择洗衣机的技巧

除了功能、款式、价格之外，还需要考虑家人的生活方式和家庭人数。先将条件罗列出来，排出优先顺序。然后从众多选项中，选出对自家而言最合适的一台。

选择洗衣机的要点

在符合的项目前打钩，决定优先顺序。

- ☐ 平时会使用烘干功能
- ☐ 有充足的放置空间
- ☐ 经常在晚上洗衣服
- ☐ 重视美观性
- ☐ 衣服拿取方便
- ☐ 每天都有大量的衣服要洗
- ☐ 清洗大件物品的频率高
- ☐ 去污能力
- ☐ 节能节水
- ☐ 价格

洗衣机的种类

现在市面上的主流产品是能够全自动洗涤、漂洗、脱水的洗衣机。有些带烘干功能，有些则没有。另外，波轮洗衣机和滚筒洗衣机的洗涤方式不一样。如果不知道该怎么选择，可以咨询店里的工作人员。

滚筒式洗烘一体机

从洗涤到脱水、烘干，一站式完成。衣物随滚筒旋转上升至高点落下，使洗涤剂渗透到衣物内部，并依靠此时产生的撞击力，去除污垢。节水性能强。

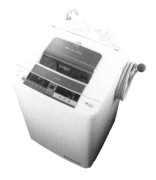

全自动波轮洗衣机

从洗涤到脱水，全自动完成。位于洗衣槽底部的叶轮高速旋转，制造出漩涡状的水流，将污垢冲走。虽然节水性能差，但去污能力强。

双槽式洗衣机

分为"洗衣槽"和"脱水槽"。虽然漂洗后脱水前，需要手动将衣服转移到脱水槽中，但它能够灵活地实现一些非常讲究的洗涤方法。相对比较便宜。

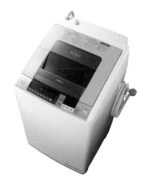

波轮式洗烘一体机

在全自动洗衣机的基础上添加了烘干功能。烘干的时候，可能会让衣物产生褶皱或出现干湿不均匀的情况。

洗涤剂的选择方法

从货架上琳琅满目的洗涤剂中，精准选出满足自己需求的洗涤剂，并非易事。
请先把握各类洗涤剂的特性，再明确选择的标准。

洗衣粉（弱碱性）

●特征
粉末状，冬天天气冷的时候，可能会因为无法完全溶解而有残留。

●效果
清洁力强，能强效去污。适用于清洗泥垢、汗渍等。每种商品添加的成分不同，有的添加了蛋白酶，有的添加了漂白剂，因此效果也不尽相同。

●使用方法
在洗衣机的洗涤剂注入口处倒入适量。

洗衣液
（弱碱性、中性、弱酸性）

●特征
易溶于水。脏衣服上如果有比较严重的污垢，可以进行局部涂抹。

●效果
清洁力没有洗衣粉强，但应付平时的脏衣服还是绰绰有余的。有的添加了蛋白酶，有的添加了漂白剂，因此效果各不相同。

●使用方法
在洗衣机的洗涤剂注入口处倒入适量。

浓缩洗衣液
（弱碱性、中性、弱酸性）

●特征
将洗衣液浓缩到原来的两倍或三倍，包装比较小，便于携带和收纳。

●效果
效果同洗衣液，但相同重量下浓缩洗衣液的去污成分含量更高。有些商品还添加了防霉或抗菌功效。

●使用方法
在洗衣机的洗涤剂注入口处倒入适量。

Check!

用洗衣凝珠，就不需要考虑用量了

只需将凝珠丢进洗衣槽内即可。既不需要考虑用量，也免去了换替换装的麻烦，能有效节省时间，非常方便。洗衣凝珠通过压低液体内部的含水量，提高了蛋白酶的功效，清洁力和其他洗涤剂不相上下。凝珠的外表看上去像果冻一样，注意放在孩子接触不到的地方，避免孩子误食。

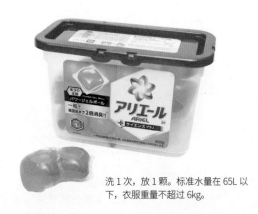

洗1次，放1颗。标准水量在65L以下，衣服重量不超过6kg。

洗衣皂粉、肥皂粉
（弱碱性）

●特征

成分简单，可以放心用来清洗孩子的衣服。滚筒洗衣机可能无法使用。

●效果

不仅能洗干净，洗完后还会很松软。兼具柔顺剂的功能。

●使用方法

先倒入肥皂粉，等充分溶解后再把衣服放进去。容易凝固，不要放入洗涤剂注入口。

洗衣皂液、肥皂液
（弱碱性）

●特征

比肥皂粉更易溶于水，更好处理。

●效果

效果同肥皂粉。

●使用方法

充分溶解后再使用。容易凝固，不要放入洗涤剂注入口。

羊毛、内衣洗衣液
（中性）

●特征

可以清洗羊毛、丝绸、棉、麻和合成纤维等容易褶皱变形的面料。

●效果

具有护理的效果，可以防止变形、褪色等。和弱碱性洗涤剂相比，清洁力一般，但去污、除臭、消除褶皱等效果不错。

●使用方法

用法同洗衣液。如果要用洗衣机清洗材质较脆弱的衣物，可以将衣物放在洗衣袋中，然后选择"手洗模式"。

局部洗涤剂
（弱碱性、中性）

●特征

可以清洗局部污垢，比如衣领、袖口上的皮脂或泥垢。

●效果

精准打击，将顽固污渍一网打尽。

●使用方法

"直接涂在污垢上""喷在污垢上，静置片刻"等，每种商品的使用方法都不同。

●洗涤剂的成分和特征

看似相同的洗涤剂，对比它们的成分之后，就会发现它们存在巨大的差异。
为了能够正确选出适合衣物的洗涤剂，了解并掌握它们的成分和特征很重要。

成分	特征
表面活性剂	去污的主要成分。让不相融的"水"和"油"融合到一起
蛋白酶	侵入纤维内部，分解并去除皮脂污垢（脂质）、血渍（蛋白质）等
碱性脱脂剂	增强清洁力。将洗涤液调成适度的碱性后，去污能力会得到大幅提升
水软化剂	增强清洁力。可以捕捉到自来水中含有的钙离子和镁离子，降低水的硬度
荧光增白剂	增加衣服白亮度。但可能会导致褪色、变色，需要注意

柔顺剂、漂白剂

除了去除污渍之外，让衣服变得柔软、增加衣服的洁净感等，
也是洗衣服的重要目的。因此，柔顺剂和漂白剂也必不可少。
有些商品还增加了除菌、除臭等功效。

柔顺剂

● 种类和特征

衣物护理剂（柔顺剂）

● 特征

通过在洗净、晾干后的衣服（纤维）表面制造一层油膜，
让衣服变得松软平滑。柔顺剂还具有防止静电和花粉
附着的效果，香型也多种多样。"防止衣服扎人""防
止衣服褶皱"等，先明确自己想要的功效，再进行选择。
香味如果太浓烈，可能会引起不适。尽量从香味比较
清淡的商品开始尝试。

● 使用方法

洗衣服前，将适量的柔顺剂倒入柔顺剂注入口。洗衣
机开始工作后，会自动投入。如果手洗或使用的是双
槽式洗衣机，需要在最后一步漂洗的时候加入。

● 注意事项

和洗涤剂一起使用，会抵消彼此的功效。一定要在最
后漂洗的时候使用。另外，如果经常使用过量的柔顺
剂，可能会影响衣服的吸水性和质感。不能和肥皂一
起使用。

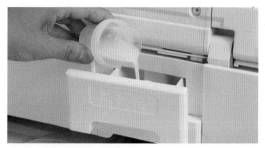

小妙招 👍

建议喜欢使用肥皂的人

用柠檬酸搭配精油，享受独门芳香

和合成洗涤剂相比，肥皂洗涤剂不会让衣服变硬，不需要再使用柔
顺剂。但你是不是也希望衣服上能带少许香味呢？下面就来介绍一
种独创的护理液制作方法，不仅有适度的柔顺效果，还能带来芳香。
你只需要准备 2 大勺柠檬酸和数滴自己喜欢的精油即可。将它们
放入 170ml 水中，充分混合，等精油全部溶解，溶液恢复清澈之后，
再放入衣服。另外，温度越高，香味就散得越快。因此比起烘干
机和日晒，更建议在房间内阴干。

既可以获得和柔顺剂相似的效果，
又能享受幽幽清香。

漂白剂

●种类和特征

氧系漂白剂（液体）

●特征、效果

主要成分是过氧化氢，液体呈弱酸性，通过氧化力漂白。具有很强的杀菌效果，且见效快。因为呈弱酸性，所以可以水洗的羊毛、丝绸也能使用。

●使用方法

和洗涤剂一起倒入洗衣机。局部的污垢可以直接涂抹，但不要放置太久。

●注意事项

不能用于清洁纽扣、拉链等金属制的配件。

氧系漂白剂（粉末）

●特征、效果

主要成分是过碳酸钠，液体呈弱碱性，通过强氧化力漂白。具有除菌、除臭的功效。使用后被分解为水、碳酸钠和氧气，不会对环境造成很大的负担。

●使用方法

和洗涤剂一起倒入洗衣机。也可以倒入清水或温水，溶解后浸泡衣物。

●注意事项

不能用于清洁羊毛、丝绸、不能水洗的衣物及金属制的小配件（包括金属染料在内）。

氯系漂白剂（液体）

●特征、效果

主要成分是次氯酸钠，液体呈碱性。通过氧化力漂白。具有很强的除菌、除臭功效，能强效去除黄色污渍和黑色污渍。适用于棉、麻、涤纶和丙烯酸纤维等。

●使用方法

和洗涤剂一起倒入洗衣机，或者将衣服放里面浸泡。

●注意事项

可用于白色衣物，用于其他颜色的衣物时需要加倍稀释，有可能会导致衣物褪色、变色或损坏花纹。

还原型漂白剂（粉末）

●特征、效果

主要成分是二氧化硫脲，液体呈弱碱性。氧化漂白不见效的白色衣物以及氧化漂白后泛黄的衣物，都可以用还原型漂白剂来漂白。

●使用方法

溶于40℃左右的热水中，然后将衣服放里面浸泡。毛、丝绸类的衣服也可以使用，但不能浸泡太久。

●注意事项

不能用于清洁不能水洗的东西，比如半成品、有颜色花纹的衣服及金属制的小配件。

●根据污渍的情况，选择合适的漂白剂

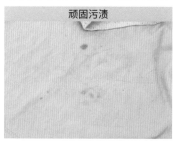

顽固污渍

氧系漂白剂（粉末）

针对陈年污渍和大范围的泛黄，可以将洗涤剂和氧系漂白剂一起放入温水，溶解后放入衣服，浸泡一段时间（2 小时以内）。

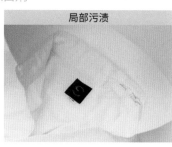

局部污渍

氧系漂白剂（液体）

针对局部的污渍，比如吃饭时蹭到的污渍以及领口、衣袖上的污渍等，可以将氧系漂白剂直接涂在衣服上。不需要静置，立即和其他要洗的衣服一起清洗。

整体的污渍

氧系漂白剂（液体）

白色的衣服和有颜色或花纹的衣服都可以使用氧系漂白剂。针对衣服整体的污渍，可以同时使用氧系漂白剂和洗涤剂来清理。

洗涤标志一览

洗衣服

洗涤、晾晒以及熨烫的方式都应按照洗涤标志的提示进行。
除了洗涤标志以外，如果还列出了别的注意事项，一定要确认后再清洗。

洗涤方式					
30	水温 30° C,可常规机洗	30	水温 30° C,可温和机洗	30	水温 30° C,可非常温和机洗
40	水温 40° C,可常规机洗	40	水温 40° C,可温和机洗	40	水温 40° C,可非常温和机洗
50	水温 50° C,可常规机洗	50	水温 50° C,可温和机洗	60	水温 60° C,可常规机洗
60	水温 60° C,可温和机洗	70	水温 70° C,可常规机洗	95	水温 95° C,可常规机洗
	不可机洗		手洗		

漂白					
	可漂白		可用氧系漂白剂		不可漂白

烘干					
	低温烘干		中温烘干		不可烘干

自然干燥	⊟	悬挂晾干	⊠	在阴凉处悬挂晾干	⊟⊟

自然干燥	⊟ 悬挂晾干	⊠ 在阴凉处悬挂晾干	⊟⊟ 悬挂滴干
	⊠ 在阴凉处悬挂滴干	⊟ 平摊晾干	⊠ 在阴凉处平摊晾干
	⊟ 平摊滴干	⊠ 在阴凉处平摊滴干	

熨烫	⌂• 110℃，低温熨烫	⌂•• 150℃，中温熨烫
	⌂••• 200℃，高温熨烫	⌂✕ 不可熨烫

干洗	Ⓟ 可用四氯乙烯溶剂干洗	Ⓟ̲ 可用四氯乙烯溶剂温和干洗	⊗ 不可干洗
	Ⓕ 可用碳氢化合物溶剂干洗	Ⓕ̲ 可用碳氢化合物溶剂温和干洗	

检查标签

先确认衣物的清洗标志
先确认标签左侧有没有可机洗的标志。很多衣服都是用多种不同的布料制成的，不要通过外表来判断。

除了洗涤标志外，还要确认注意事项
注意事项中会列出变色、褪色、缩水、起球、质地变化等洗涤标志中不包含的信息，因此也必须确认。

湿洗	Ⓦ 可常规湿洗	Ⓦ̲ 可温和湿洗
	Ⓦ̳ 可非常温和湿洗	⊗Ⓦ 不可湿洗

洗前的准备

首先，根据颜色、面料、污渍情况对脏衣服进行分类，
难以在家洗的衣服，就送到洗衣店去吧。

Step 1 分类

以颜色、面料、污渍情况为标准

不要一股脑儿地全都扔进洗衣机。请分成白色衣服、彩色衣服以及污渍严重的衣服，分批洗涤。这样才能防止出现缩水、染色等问题。

白色衣服

和彩色衣服分开洗，以防沾染颜色

白色的衣服和毛巾容易沾染污渍、容易被染色。为了防止沾染彩色衣服的纤维，必须将两者分开清洗。

彩色衣服

第一次洗的时候要注意褪色

彩色衣服尤其需要注意褪色。黑色、藏青色等深色系棉质衣服，褪色的可能性很高，洗之前必须确认一遍。

污渍严重的衣服

不要把污渍转移给其他衣服

油渍、泥垢等污渍严重时，请先进行局部洗涤或去渍后，再放入洗衣机清洗，或手洗。

需要放入洗衣袋的衣服

精美的衣服和黑色的衣服要放入洗衣袋

除了精美的衣服之外，黑色的衣服沾上了线头之后，也会很明显，建议放入细网洗衣袋中洗涤。

手洗的衣服

材质脆弱的衣服要细心洗涤

带有手洗标志的衣服、装饰品比较脆弱的衣服、有可能会褪色的衣服，必须手洗。

需要送去洗衣店的衣服

确认洗涤标志和材质

先确认标签，如果有不可水洗的标志，就送去洗衣店。特别是人造丝、皮革等材质，尤其需要确认。

Step ② 检查

多做一步，让衣服可以穿得更久

分类后再次确认。检查一遍衣服是否会褪色，口袋中有没有东西，还要确保扣上纽扣，拉上拉链，以免伤害到其他要洗的衣服。

纽扣

扣上纽扣，以免伤害布料

为了不让衣服缠到一起，建议扣上纽扣和按扣。扣上纽扣后洗，还能防止衬衫变形。

拉链

拉上拉链，以防变形

裤子和裙子上的拉链不拉上的话，可能会损坏其他衣服。拉上拉链后洗还能防止变形。

有孩子的家庭

口袋里可能还会有姓名牌、贴纸，甚至米饭等。

口袋中

尤其需要注意纸巾和冬天的暖宝宝。

养成清洗前确认口袋的习惯

清洗前，我们总是容易忘记把口袋里的东西拿出来。因此，一定要养成检查的好习惯。如果有轻微的污垢，就用牙刷刷掉。

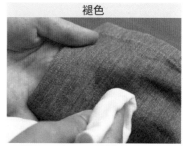

褪色

擦拭不显眼的地方，检查是否会褪色

彩色衣服，先用稀释过的洗涤剂浸湿白布，然后轻轻擦拭裤脚等不显眼的部位，看看颜色是否会转移到布上。

Check!

找出需要送去洗衣店清洗的衣服

面料脆弱的衣服，或者难以在家去除污渍的衣服，不要逞强，送去洗衣店吧。

需要熨烫等特殊保养的衣服

西装、麻质的夹克衫等容易变形或起皱的衣服，拿去洗衣店清洗能够顺便进行护理或保养，可以让衣服保持得更长久。

无法在家去除的特殊或顽固污渍

画笔、中性墨水等造成的污渍，以及已经形成很久的污渍。

容易缩水、褪色的材质

丝绸、人造丝、铜氨纤维、醋酸纤维、皮草、皮革等面料，容易缩水或褪色，建议送去洗衣店清洗。

干洗难以去除汗渍

干洗使用的是石油等有机溶剂，而不是水，可以去除油渍，但对汗渍、水溶性污渍则几乎没有作用。

预洗

严重的污垢要先进行局部洗涤。
泛黄和顽固污垢，洗之前请先浸泡。

提升去污能力的秘诀

遵守基本原则

不要随意乱洗。只要遵循基本原则，就可以将污垢和异味全都去除。务必记住这四个原则。

用于局部洗涤的洗涤剂

有涂抹式的棒状洗涤液和喷洒式的喷雾洗涤液。

原则1 **尽早清洗**

脏了之后不及时清洗，污渍就会变得难以去除。不仅如此，附着在上面的细菌还会不断繁殖，造成异味。

原则2 **洗涤剂的用量要准确**

严格遵守洗涤剂容器上规定的用量标准。太多的话，会残留在衣服上。太少的话，难以去除污渍。

原则3 **一次不要洗太多衣服**

一次洗太多衣服，不仅会影响去污效果，还会导致无法漂洗干净。放衣服的时候请以最大容量的 70%~80% 为标准。

原则4 **预洗**

污渍严重的衣服在放入洗衣机之前，要先预洗。可以先浸泡一段时间，也可以使用专用的洗涤剂进行局部洗涤。

浸泡

彻底消除泛黄和污垢

衣服整体泛黄或有污垢时，不要把它直接扔进洗衣机。浸泡一段时间后再放入洗衣机清洗，效果更佳。

> 如果是白色衣服，建议使用含蛋白酶的洗涤剂。

1 用温水制作洗涤液
在洗脸盆中加入 40℃ 左右的温水和洗涤剂。洗涤剂的量，以每 5L 水 20~25g 为标准。

2 待洗涤剂充分溶解
用手搅拌，使洗涤剂充分溶解，然后放入衣服。污渍严重的部位，用手将洗涤液揉搓进去。

3 浸泡过后揉搓
浸泡 0.5~2 小时后进行揉搓。然后直接放入洗衣机，和其他衣服一起清洗。

小建议

如果污垢比较顽固，可以涂抹洗衣皂，然后借助搓衣板揉搓。

衣领、袖子的局部清洗

对明显的黑色污渍进行局部清洗

衬衫的衣领和袖子可能会因为没有将皮脂和汗渍洗干净而发黑。此时，可以用局部洗涤剂消除黑色污渍。

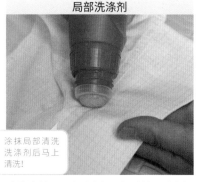

局部洗涤剂

涂抹局部清洗洗涤剂后马上清洗!

让洗涤剂和污渍融合在一起后放入洗衣机

在污渍处涂上局部洗涤剂，可以直接放入洗衣机，和其他衣服一起清洗。轻轻揉搓，让布料和洗涤剂充分融合之后再放入洗衣机，效果更佳。

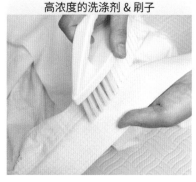

高浓度的洗涤剂 & 刷子

也可以用高浓度的洗涤剂进行刷洗

将洗衣粉（1 大勺）放入热水（50ml），制成洗涤液。弄湿衣服，涂抹上洗涤液之后，用刷子刷洗。最后放入洗衣机。

泥垢、血渍的局部清洗

用牙刷对付顽固的泥垢

泥垢只靠机洗很难洗掉。用牙刷将泥垢刷出来之后再洗，就容易多了。

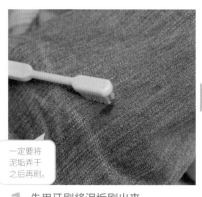

一定要将泥垢弄干之后再刷。

1 先用牙刷将泥垢刷出来
等泥垢干了之后，用牙刷将它刷出来。如果湿的时候刷，泥垢会渗入纤维里面，变得更不好处理。

常备不用的牙刷或洗衣服专用的牙刷，局部清洗时会很方便。

2 用洗涤剂将泥垢刷掉
用牙刷取一点洗涤剂，小幅度地来回摩擦泥垢。然后用清水将沾了洗涤剂的部分清洗干净之后，放入洗衣机。

小妙招 👍

如果衣服被染色了，就用热水稀释高浓度洗涤剂清洗

要防止染色，必须将彩色衣服分开来洗。容易掉色的衣服不要用热水洗，洗完之后应立即晾晒。如果已经被染色了，应尽早处理，因为时间间隔越久越难洗掉。用 50℃ 的热水制作浓度是平时 3 倍的洗涤液，然后将湿衣服放入其中，再洗一遍。如果还是洗不掉，就送去洗衣店吧。

要防止染色，根据颜色、污渍分类后再清洗至关重要。

被染色的衣服要立即重洗一遍。不要使用漂白剂。

去渍的方法

为了不伤害衣服，请根据污渍的种类，选择合适的方法将其去除。
无论是哪种污渍，形成之后都必须立即处理。

污渍的种类		去渍方法	使用的工具
酱油、茶、咖啡、果汁	水溶性	马上水洗。如果洗不掉，就用湿布拍打污渍，让污渍转移到垫在下面的布上。也可以用牙刷和洗洁精刷。	洗洁精 纤维抹布 牙刷
巧克力、口红、圆珠笔、机械油	油溶性	用沾有汽油的纤维抹布拍打污渍，使其融合在一起，去除油分。如果有颜色残留下来，就倒点洗洁精在牙刷上，然后拍打污渍，并用温水擦洗掉。	汽油 洗洁精 纤维抹布 牙刷
咖喱、肉酱、蛋黄酱、调味汁、沙拉酱	混合性	咖喱等造成的污渍非常顽固，甚至能把纤维染色。先在污渍下面垫一块纤维抹布，按1：1混合洗洁精和柠檬酸，涂抹在污渍上。将热水倒入洗脸盆，然后在热水中一边揉搓，一边涮洗。	洗洁精 柠檬酸 纤维抹布
红酒	不溶性	花青素这种色素是造成红酒渍的罪魁祸首。在污渍下面垫一块纤维抹布，按1：1混合漂白剂和小苏打涂抹在污渍部分，使其充分融合。静置片刻，等污渍变淡后，再用洗衣机清洗。	漂白剂 纤维抹布 小苏打
血渍、牛奶	蛋白质	用热水洗血渍或牛奶，反而会加速污渍的凝固。一定要用冷水冲洗。可以倒点洗洁精在牙刷上，然后拍打污渍。如果洗不掉，就用漂白剂漂白。	洗洁精 漂白剂 牙刷
泥垢	树脂	泥垢中可能含有油。在污渍下面垫一层纤维抹布，然后将洗洁精直接涂抹在污渍上。还可以进一步用挤了牙膏的牙刷拍打污渍，然后在热水中一边揉搓，一边涮洗干净。	洗洁精 牙膏 牙刷 纤维抹布

[酱油] [去渍方法]

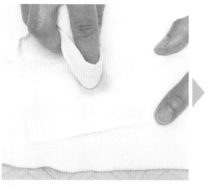 

小建议
去除污渍之后，用清水将洗洁精成分洗掉。

1 将污渍拍掉
在污渍下面垫一块布，然后用湿布从上面拍打，让污渍转移到垫在下面的布上。这种方法可以去除刚形成的污渍。

2 用蘸取了洗洁精的牙刷拍打
如果第 1 步无法去除，就用蘸取了洗洁精的牙刷拍打，将污渍转移到垫在下面的布上。

[在外面时的应急措施] [去渍方法]

小建议
随身携带擦手机的污渍清理剂。

市面上还有很多针对各个衣服部位的洗涤剂。

1 用纸巾代替布
将纸巾多折几层，厚厚地铺在污渍下面。再用一张纸巾擦点肥皂，起泡后从上面按压着拍打。

2 用纸巾吸走污渍
铺在下面的纸巾会将浮出来的污渍吸走。之后再用一张干净的纸巾，浸水后将残留下来的肥皂成分擦掉。

第 **3** 章

洗衣、熨烫、缝纫的基本

小妙招 👍

效果惊人的终极绝招——水煮清洗法

白色的棉麻布料如果沾上了污渍或污垢，怎么也无法去除，就试试水煮吧。水煮过后，你会惊讶地发现衣服焕白如新。但是这种方法会损害布料，除非必要，否则不要轻易尝试。

❶ 在大锅里装足水，放入标准量的漂白剂（或漂白剂 + 洗洁精）溶解。

❷ 放入衣服，用小火煮 10 分钟左右后拿出来。用清水将洗洁精成分冲洗干净。

Before

After

洗衣服

日常服饰

根据各自的特征洗涤

重点

衬衫类要扣上纽扣后洗

叠好放入洗衣袋中洗，可以防止变形

要想干得快，就要增加受风面积

衬衫

用手轻轻揉搓，让洗涤剂渗入纤维，会更利于去除污渍

1 脏了的衣领或袖口可以进行局部清洗

衣领或袖口有污渍，建议在放入洗衣机前，先进行局部清洗。在污渍上涂抹局部洗涤剂或肥皂，然后轻轻地揉搓。

2 扣好前面的纽扣，折叠起来

为了防止变形，将前面的纽扣全都扣上，并折叠好。这样做也可以起到保护纽扣的作用。

3 放入洗衣袋，用洗衣机清洗

将叠好的衬衫放入洗衣袋。洗衣袋要选择网眼大一点的，不仅能防止衣物变形，还能有效去污。

使用工具

• 洗衣液
• 去渍笔等
• 洗衣袋

4 挂在衣架上，抚平褶皱

洗完后，稍微脱水。然后挂在衣架上，用手心拍打几下，将褶皱抚平。

5 细致地将衣领和前襟部分抚平

用双手将衣领和前襟部分抚平之后，再用手心拍打几下。晾晒前抚平所有褶皱，晒干后衬衫就会很平整。

小建议

如果没有洗衣袋，就将两个袖子塞到里面，以免和其他衣服纠缠到一起。

不起皱的
小妙招

注意脱水时间

脱水时间太长，会造成褶皱和变形。先确认洗涤标志，看有没有轻轻拧干的标志。棉质的衣服脱水约 1 分钟，羊毛等容易变皱的材质，脱水 15~30 秒即可。结束之后，尽快拿出来晾晒，也可以有效地防止褶皱。

很多洗衣机无法通过记忆功能或按键来设定以秒为单位的脱水时间。这时，可以手动调整时间。

Polo衫

使用工具

• 洗衣液
• 衣架

洗涤方法

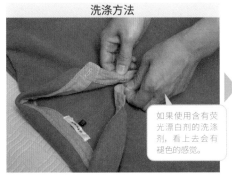

如果使用含有荧光漂白剂的洗涤剂，看上去会有褪色的感觉。

1 扣上纽扣，防止衣服变形

将衣服扣上纽扣后放入洗衣机。如果要上浆，就在漂洗完之后，在洗衣机中加入少量水（能让洗衣机转动起来即可）以及浆料，让洗衣机转几分钟。

晾晒方法

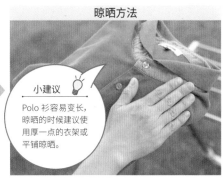

小建议

Polo 衫容易变长，晾晒的时候建议使用厚一点的衣架或平铺晾晒。

2 拉平衣领附近和前襟的褶皱

用手心拍打容易褶皱的衣领附近和前襟部位，细致地拉平褶皱之后再晾晒。

T恤

使用工具

• 洗衣液
• 洗衣袋
• 衣架

洗涤方法

1 翻过来洗

当 T 恤上有印花等装饰时，为了减少对装饰部分的摩擦，需要将衣服翻过来，放入洗衣袋中洗涤。这样还能防止褪色。

晾晒方法

如果是肩部可以伸缩的衣架，也可以从领口处塞入。

2 晾晒时也要维持外翻

为了防止褪色，晾晒的时候仍然要维持内面外翻的状态。衣架要从下摆塞入，以免将领口撑大。

连帽衫

使用工具

• 多夹子晾衣架

晾晒方法①

将帽子部分固定在晾衣竿上

帽子搭在后背的话，不容易干，可以用夹子把它固定在晾衣竿上。

晾晒方法②

直接挂在晾衣竿上

将衣服直接挂在晾衣竿上，要让帽子部分也晒到太阳。等外侧干了之后再翻面晾晒。

晾晒方法③

利用工具

市面上有将帽子撑起来晾晒的专用衣架，适合晾晒空间狭小的地方。

牛仔裤

洗涤方法

做过磨损加工的牛仔裤，要放入洗衣袋。

1 拉上拉链，扣上纽扣

为了不钩坏其他布料，请拉好拉链，扣好纽扣。在放入洗衣机前，确认口袋中是否还有别的东西。然后用标准模式洗涤。

晾晒方法①

2 围成圆筒状晾晒

脱水之后，将里面翻过来，手动甩一下，然后在多夹子晾衣架上围成圆筒状晾晒。同时，要让不易干的纽扣、拉链和腰部都能晒到太阳。

晾晒方法②

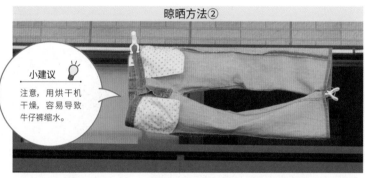

小建议

注意，用烘干机干燥，容易导致牛仔裤缩水。

横套在晾衣竿上，加强通风

想要干得快一点，就将牛仔裤翻面，然后单边裤腿横套在晾衣竿上，加强通风。左右裤脚用夹子夹住。

使用工具

- 中性洗涤剂
- 洗衣袋
- 多夹子晾衣架

不褪色的小妙招

新牛仔裤第一次洗的时候要慎重

一定要单独洗

容易褪色的新牛仔裤一定要单独洗。为了让布料更加硬挺，出厂前一般都会给牛仔裤上一层浆料。因此第一次洗的时候，请将里面翻过来，在水里浸泡1小时左右，等浆料脱落之后再放入洗衣机。

不要用热水洗

用热水洗会导致牛仔裤的染料脱落，尽量用冷水洗。购买后第一次洗的时候，水洗就足够了。如果要用洗涤剂，要选择不含荧光漂白剂的中性洗涤剂。

半身裙

使用工具
- 中性洗涤剂
- 洗衣袋
- 多夹子晾衣架

洗涤方法

确认洗涤标志，如果有机洗标志或手洗标志，就可以水洗！

1 翻面，放入洗衣袋中洗

拉好拉链，扣好纽扣后翻面，放入洗衣袋，选择手洗模式洗涤。也可以用按压的形式手洗。带颜色和花纹的裙子还要注意褪色。

晾晒棉质半身裙

2 拍打容易褶皱的部位

脱水后马上拿出来，用力甩一下，然后翻面折叠。用手心轻轻拍打，拉平褶皱后，围成圆筒状晾晒。

晾晒羊毛材质的半身裙

羊毛不可以晒太阳，一定要阴干。

双手上下滑动，抚平褶皱

脱水后马上拿出来，用一下，然后轻轻拉拽两边，使其平整。最后翻面，围成圆筒状晾晒。双手手心夹住布料，从上往下滑动，就可以抚平褶皱。

毛巾

使用工具
- 中性洗涤剂
- 洗衣袋

洗涤方法

确认洗涤标志，如果有机洗标志或手洗标志，就可以水洗！

1 放入洗衣袋，只用中性洗涤剂清洗

和其他衣服分开，放入洗衣袋进行洗涤。柔顺剂可能会破坏毛巾的吸水性，只用洗涤剂就可以。

晾晒前

2 甩一甩，让绒毛都立起来

要想毛巾变得松软，就拿着毛巾的两端甩一甩，让绒毛都立起来之后，再晾晒。

晾晒方法

在通风好的阴凉处晾晒，可以让毛巾保持松软！

3 轻轻拉平整

将浴巾对折晾晒，湿面会贴合在一起，不容易干。所以，晾晒的时候，可以稍微错开一点，以增大受风面积。

延长使用周期的小妙招

新毛巾也要洗过后再收起来

新毛巾即便暂时不用，也要先洗一遍，再收起来，这样才能一直维持好的状态。而且，新毛巾上可能会有生产过程中沾上的灰尘等。一定要洗过之后再用。毛巾经过清洗也可以提高吸水性。

洗衣服

精美服饰

脆弱的衣服要细心处理

脆弱的材质用按压式水洗最稳妥

机洗时选择手洗模式

清洗和晾晒的时候都要整理衣型

罩衫

使用工具
- 中性洗涤剂
- 洗衣袋
- 衣架

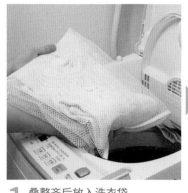

1 叠整齐后放入洗衣袋
带有饰物的罩衫必须放入洗衣袋，以免和其他衣服缠绕在一起。扣上纽扣，叠整齐后再放入洗衣袋。

2 装饰部位拉平整后再晾晒
脱水时间不需要太长。脱水后，甩一甩，挂到衣架上。扣好第一颗纽扣，轻轻地拉扯蕾丝、蝴蝶结等饰品，使其变平整。

针织品、毛衣

使用工具
- 中性洗涤剂
- 牙刷
- 洗衣袋
- 晾衣篮

羊毛用弱碱性洗涤剂洗会缩水，请注意！

1 让洗涤剂渗入污渍部位
用牙刷背拍打洗涤剂，使其渗入污渍。然后将污渍部位朝外叠起来，放入洗衣袋。选择手洗模式洗涤。

2 抚平褶皱后平铺晾干
脱水后马上拿出来，平铺在浴巾上。用手心轻轻拍打，抚平褶皱。然后放在通风良好又不会有阳光直射的地方，平铺着晾干。

不变形的小妙招

晾晒时使用尺寸合适的衣架

使用尺寸合适的衣架
为了防止肩部变形，建议根据衣服的尺寸，选择合适的衣架。孩子的衣服用儿童专用衣架，厚衣服就用有厚度的衣架。

扣好纽扣
罩衫和衬衫要扣好第一颗纽扣，Polo衫要扣好前面的所有纽扣之后再晾干。这样能防止衣领周围和前襟部位起褶皱。

麻

使用工具

• 中性洗涤剂
• 洗衣袋

麻容易起毛，所以必须轻轻地按压清洗。

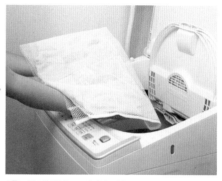

1 按压着去除污渍

将衣服叠好，容易脏的袖子和前襟放在上面。然后放入洗涤液中，按压着手洗。最后用清水冲洗干净。

2 快速脱水，防止褶皱

脱水时要放入洗衣袋。麻容易起褶皱，脱水 15 秒左右即可。晾晒的时候，要先抚平褶皱，整理平整之后再晾。

第 **3** 章

洗衣、熨烫、缝纫的基本

丝绸

使用工具

• 中性洗涤剂
• 浴巾

揉搓、拉扯会损坏衣服。

最后在衣服还没完全干的时候，用中等温度熨烫一下。熨烫时要在衣服上垫一层布。

1 不要揉搓，晃动衣服即可

清洗之前先确认是否会褪色。如果容易褪色，就将衣服浸泡在洗涤液中，然后捏着衣服在水里来回晃动。如果不褪色，就选择手洗模式机洗。

▼确认是否会褪色的方法参考 P129

2 用浴巾吸干水分

过水 2 次后，用手轻轻拧一下，然后平铺在浴巾上。整理衣型，将浴巾的一端向上卷起，吸干水分。轻轻甩一下之后阴干。

羊毛

使用工具

• 中性洗涤剂
• 洗衣袋
• 牙刷

清水中倒入中性洗涤剂，制成洗涤液。

脱水时间太久会造成褶皱！

1 折叠整齐，按压清洗

将中性洗涤剂的原液倒在污垢或污渍部分，然后用牙刷背拍打，让洗涤剂渗透进去。静置一段时间之后，折叠整齐，浸泡到洗涤液中，进行按压清洗。

2 进行两次快速脱水后阴干

放入洗衣袋，脱水 30 秒。过几次水之后，再脱水 30 秒。晾晒的时候，先整理好衣型，再进行阴干。

手洗，防止变形

小件物品

文胸

使用工具
• 中性洗涤剂
• 浴巾
• 多夹子晾衣架

1 轻柔手洗，防止变形
扣上挂扣后，放入含有洗涤剂的洗涤液中，轻轻揉搓。过几次水之后，用浴巾包起来，吸干水分。不要太用力，以免变形。

2 不要用夹子夹罩杯
整理好罩杯的形状后，用夹子夹住下围部分。如果要晾在室内，选择一个通风好的地方。

丝巾

> 最后在半干的时候用熨斗熨。

使用工具
• 中性洗涤剂
• 浴巾

1 放在水中按压清洗
放入含有洗涤剂的洗涤液中，轻轻按压。水温超过 30℃，可能会褪色，需要特别注意。

2 用浴巾去除水分
过水之后，折成小块，用手拧干。之后，再放入浴巾中，去除水分。晾晒时，在夹的地方垫一层手帕。

▼熨烫方法参考 P156

重点

● 脆弱的小物件要手洗
● 晾晒的时候，要注意防止变形
● 顽固的泥垢浸泡后再洗

不变形的小妙招

文胸放入洗衣机时要"特殊对待"

机洗时要用专用洗衣袋
洗文胸时，最令人担心的就是罩杯变形。为了解决这个问题，建议要用内衣专用洗衣袋，这样还能减少摩擦对布料的损害。

开启干洗、手洗等轻柔洗模式
将文胸放入洗衣袋前，必须扣好扣子。然后用"干洗模式"或"手洗模式"洗涤，脱水时间可以短一点。

帽子

使用工具

• 中性洗涤剂
• 牙刷
• 沥水篮

1 布帽子要轻柔地手洗

将洗涤剂原液直接倒在脏污部位，然后用牙刷背敲打，使其渗透进去。最后放入洗涤液中按压清洗。

2 用牙刷刷掉顽固污渍

难以去除的污渍或内侧的汗渍等可以用牙刷刷掉。脱水 15 秒左右即可，以防变形。

3 用沥水篮防止变形

轻拉帽檐，去除褶皱，整理一下帽型后，把帽子套在沥水篮外面晾晒，可以防止变形。最后放在通风良好的地方阴干。

帆布包

使用工具

• 中性洗涤剂
• 海绵擦
• 刷子
• 夹子晾衣架

1 用海绵擦轻轻擦洗

先确认是否会褪色，然后浸泡在含有洗涤剂的洗涤液中，用海绵擦轻柔地刷洗表面。如果有明显的污渍，可以拍打一下。

2 用刷子刷掉污渍

如果布料比较结实，就用刷子刷掉污渍。不过刷得太用力，可能会导致褪色，注意把控好力度。

3 夹住底部，开口朝下晾晒

底部比较难干。晾晒的时候，开口朝下，水分就不会蓄积在底部，也就能更快地晾干。

尼龙包

使用工具

• 中性洗涤剂
• 海绵擦
• 水桶
• 夹子

1 洗之前先把拉链打开

准备一个装得下包的水桶，倒入热水和洗涤剂，制成浓度较低的洗涤液。洗之前，将拉链全部打开。

2 通过揉搓去除污渍

将包浸湿，用手轻轻地揉搓。有明显的污渍时，可以用海绵擦等轻轻刷掉。最后过水，洗掉洗涤剂。

3 夹住底部阴干

阳光直射会损害布料，要在通风良好的阴凉处阴干。不可以使用烘干机。

1 用刷子刷掉污垢

将泥土、灰尘等污垢用刷子刷掉，然后用清水轻轻刷掉。如果有鞋带，建议把鞋带拆下来。

2 放入塑料袋中，让洗涤液渗透鞋子

将含有蛋白酶的洗衣粉放入30~40°C的温水中，制成洗涤液。将洗涤液以及鞋子、鞋带都放入塑料袋中，浸泡30分钟至2小时。

3 用洗鞋专用的刷子刷洗

用洗鞋刷清洗脏了的地方。运动鞋鞋带上的污渍也用刷子刷掉。

4 用清水将污渍和洗涤剂冲洗掉

过水，将污渍和洗涤剂都冲洗掉。穿鞋带的洞的周围，可以用牙刷边刷边冲洗。

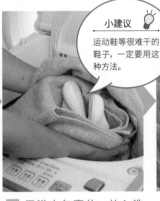

> **小建议**
> 运动鞋等很难干的鞋子，一定要用这种方法。

5 用浴巾包裹住，放入洗衣机脱水

用洗衣机脱水1分钟，晾晒时间就会缩短很多。用旧浴巾包裹住后，再放入洗衣机脱水，晾晒时间可以进一步缩短。

6 挂在S形挂钩上晾干

将S形挂钩的一端挂在晾衣竿上。然后将鞋子悬挂到另一端晾晒。通风效果好，很快就可以变干。

使用工具
- 含蛋白酶的洗衣粉
- 刷子
- 洗鞋刷
- 塑料袋
- 旧浴巾
- S形挂钩
- 牙刷

小妙招 👍

挂在弯曲的钢丝衣架两边一起晾晒

没有S形挂钩和专用衣架时，可以使用钢丝衣架。将两端向斜上方折起，然后把鞋子挂上去，挂的时候注意要让难干的鞋头朝上。1根衣架，就可以晾晒一双鞋子。而且只需要挂上去即可，在哪里都可以晾，非常方便。

枕头

使用工具

- 中性洗涤剂
- 洗衣袋
- 衣架
- 布

1 将能机洗的枕头整个放入洗衣机

用巾蘸取稀释过的洗涤剂，将枕头上的污垢擦去。然后装入洗衣袋，选择手洗模式洗涤。

> **小建议** 💡
> 不能水洗的羽绒枕头要阴干，荞麦皮枕头则要日晒。

2 用两个衣架将枕头平铺晾干

准备两个衣架，将下面的部分稍微往下拉，制造出一个圆环。然后将枕头插入其中阴干。

玩偶

使用工具

- 中性洗涤剂
- 洗衣袋
- 毛巾（浴巾）
- 多夹子晾衣架

> 和毛巾一起放进去洗，脱水时就不会有太大的声响。

1 能洗的都放入洗衣机洗

先确认洗涤标志，如果可以水洗，就整个放入洗衣机。选择手洗模式的话，要将玩偶放入网眼较粗的洗衣袋内。如果要手洗，就先将整个玩偶浸湿，然后顺着毛刷。

2 整理好形状后阴干

用手轻轻拍打，整理好形状后，挂在阴凉通风处阴干。要想干得快一点的话，可以连着洗衣袋一起夹在晾衣架上。

遮阳伞

使用工具

- 中性洗涤剂
- 海绵擦

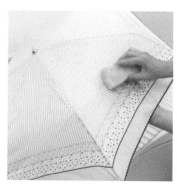

用海绵擦轻轻擦拭

将中性洗涤剂倒入水中，制成洗涤液。放入海绵擦，挤压起泡，然后轻轻地擦拭遮阳伞表面。最后用喷头冲洗干净后阴干。

Check!

不能水洗的玩偶就局部清洗

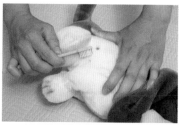

先用牙刷刷掉灰尘。然后用海绵擦蘸取浓度低的中性洗涤液，轻轻拍打着将污垢擦去。如果遇到顽固污垢，就用牙刷蘸取起泡的洗涤液，将其刷掉。最后，用清水将整个玩偶擦拭一遍。

洗衣服

换季后，要做好护理

季节性服饰

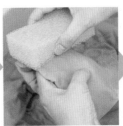

1 按压清洗，以防羽绒钻出来

如果面料是绵或涤纶，则可以手洗。将洗涤剂倒入 30℃ 以下的水中。放入羽绒服，轻轻按压着清洗。

2 将洗涤剂原液倒在顽固污渍上

污渍比较明显的衣领和袖口，可以在上面倒洗涤剂原液，然后用海绵擦拍打，使其充分渗透。注意不要用力摩擦。

3 连带着所有水一起倒入洗衣机脱水

按压着清洗过后，将羽绒服和盆中所有的水一起倒入洗衣机，脱水约30 秒。

> 推开结成一团的羽绒，有助于保持松软感。

使用工具
- 中性洗涤剂
- 柔顺剂
- 海绵擦
- 防水喷雾
- 晾衣篮
- 衣架

4 过 2~3 遍水

脱水后，用 30℃ 以下的水清洗 2~3 遍，过程和按压清洗一样。最后倒入柔顺剂，使其充分渗透。

5 脱水 30 秒左右后，平铺阴干

在洗衣机中脱水 30 秒后，平铺在晾衣篮上，放在阴凉处晾干。在还没有完全晾干时，轻轻地推开结成一团的羽绒。

6 晾在室内，自然干燥

最后一步是自然干燥。等羽绒服干得差不多了的时候，挂到有厚度的衣架上，在室内放置 2~3 天，直至完全干燥。最后喷洒防水喷雾。

重点

- 换季时清洗
- 根据材质，细致地清洗
- 充分晾干，防止发霉

> 手指部位要捏着洗!

使用工具
- 中性洗涤剂
- 刷子
- 洗衣袋

1 将洗涤剂倒在手指处

将洗涤剂倒在容易脏的手指处，用刷子背拍打。然后再倒些洗涤剂，按压着清洗，最后再用清水将洗涤剂冲洗干净。

2 整理好形状后阴干

放入洗衣袋，用洗衣机脱水之后，马上拿出来。整理好形状后平铺在阴凉通风处晾干。

夏季和服、腰带

1 让污垢和洗涤剂充分融合
衣领或衣袖上如果沾上了污渍，就直接将洗涤剂原液倒在上面，然后用刷子背拍打，使其充分融合。

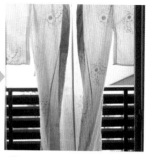

2 叠好后放入洗衣袋洗涤
就像收纳进壁橱时一样折叠，然后放入大号洗衣袋，选择手洗模式洗涤。

3 将两袖穿在晾衣竿上晾干
脱水后马上拿出来，将两袖穿在晾衣竿上，在阴凉处晾干。用手拍打，去除褶皱，整理衣型。

▼折叠方法参考 P91

4 上浆干熨
熨烫时使用喷雾型上浆液，会让衣服变得更加有光泽。蓝色的夏季和服容易泛油光，熨烫时可以垫一层毛巾，或从背面熨烫。

5 擦拭掉腰带上的污垢后，阴干
腰带不能水洗。用完后，请用干毛巾擦掉汗液和污渍，然后挂在衣架上阴干，去除湿气。

使用工具
- 中性洗涤剂
- 刷子
- 洗衣袋
- 上浆喷雾
- 熨斗
- 毛巾
- 衣架

小建议
还没过季时，请将它挂在通风良好的地方保管。

泳衣

使用工具
- 中性洗涤剂
- 洗衣袋
- 夹子晾衣架

泳镜和泳帽也要立即冲洗。

1 当场清洗
从海里或泳池里出来，换好衣服后，立即用清水冲洗。泳池里的氯、海水中的盐分残留在上面的话，会损害布料。

2 在洗涤液中按压清洗
回家后，将洗涤剂倒入水中，制成洗涤液。然后将泳衣放进去，轻轻按压着清洗。洗完过水，然后放入洗衣袋，用洗衣机脱水 15~30 秒。

如果衣服上沾着沙子，可以通过拉拽将其抖落。

3 整理好形状后晾干
脱水后立即取出，整理好形状后阴干。如果是有肩带的泳衣，就用夹子夹住两侧。如果是比基尼，就用夹子夹住下围部分。

洗衣服

大件物品

晾晒得当，干得更快

毛毯

1 将洗衣液倒在污渍处
毛毯边缘如果有皮脂类的污渍，就将洗衣液倒在上面，然后用刷子背面拍打，使其充分渗透。

2 蛇形折叠
将毛毯左右对折，然后进行蛇形折叠。折的时候，注意让污渍严重的部位朝上。

脱水后立即取出。

3 选择毛毯模式洗涤
装入大号洗衣袋，选择毛毯模式洗涤。洗毛毯等大件物品时，适合使用能快速溶解，且容易冲洗的洗衣液。冲洗时加入柔顺剂，洗完后会变得更加松软。

4 摆成 M 字形晾晒
用两根晾衣竿，将毛毯摆成 M 字形晾晒，效率更高。中途翻面，干得更快。

使用工具
• 洗衣液
• 洗衣袋
• 刷子
• 柔顺剂

重点

洗衣机装不下的毛毯用脚踩的方式清洗

被套类要先翻面，去除垃圾后再洗

通风好，干得更快

Check!

洗衣机装不下的物品，可以脚踩洗涤

脚踩洗涤时，为了让污垢浮上来，必须在洗之前进行蛇形折叠。注意要在洗涤液中浸泡一段时间后清洗。

1 在浴缸中放清水或温水，水刚刚没过毛毯，倒入洗衣液。将蛇形折叠的毛毯放进去，用脚踩踏。

2 过 2~3 次水后将毛毯挂在浴缸檐上沥水。沥干净之后，拿到室外晾干。

床单、被套

1 将被套翻面，去除四个角内的垃圾

将被套翻面，去除堆积在四个角内的纤维碎屑。床垫套也同样。

2 拉上拉链后清洗

将被套拉上拉链后再放入洗衣机，以防和其他衣服缠绕在一起或损害面料。

3 用手拍打，去除褶皱

脱水后折成小方块，用手拍打，去除褶皱。这样做比晾干后再去皱效果更好。

4 上下左右拉扯，去除褶皱

挂到晾衣竿上后，先左右两边横向拉扯，然后上下两端竖向拉扯，去除褶皱。最后用夹子夹住两侧边缘。

使用工具
- 洗衣液
- 夹子

小建议

如果想洗完后显得硬挺，就再加点洗涤浆吧。

快速晾干的小妙招

想办法增大受风面积

就算是在梅雨季节、冬天或其他日照少的情况下，只要晾晒方法得当，大件物品也能快速晾干。秘诀就是尽可能增多、增大受风面积。

用方形衣架蛇形晾晒

没有晾衣竿或没有足够的晾晒空间时，可以用方形衣架将床单等夹成蛇形。

用晾衣竿，加强通风

面料贴在一起不利于晾干。可以准备两根晾衣架，将床单等横跨在上方，或摆成 M 字形，加强通风。

▼窗帘的洗涤方法和晾晒方法参考 P66

晾晒的秘诀

晾晒衣服时，受风面积越大，衣服干得越快。
晾的时候还要注意衣服褪色问题，以及是否会损害面料。

Point 1 加强通风

增加受风面积

要想干得快，最重要的是加强通风。晾衣服的时候，考虑一下风向、风路，能明显地提高晾晒的效率。

毛巾等用伞形衣架晾
受风均匀的伞形衣架非常适合晾晒擦脸巾、孩子的衣服等。

内侧晾长的，外侧晾短的
方形的多夹子晾衣架中心部位难以受风，可以将擦手巾、袜子等短的衣物晾在外侧，内侧用来晾毛巾等长的衣物。

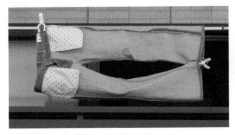

制造风路
晾长裤的时候，单边裤腿横套在晾衣竿上，可以让风通过裤子的内侧，加快晾晒的速度。左右裤脚的内侧用夹子夹住。

Point 2 脆弱的衣物要阴干

注意太阳不能直射的材质类型

不是什么衣服都可以放在太阳底下晒干的。有些衣服的布料无法承受太阳直射。这样的衣服建议放在阴凉通风处晾干。

彩色的衣服
彩色的衣服或有印花的衣服，如果遭到太阳直射，可能会褪色，或损害印花。建议翻过来晾晒。

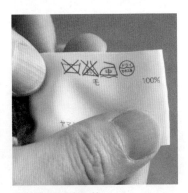

羊毛等材质的服装
先确认衣服标签，如果成分中含有羊毛、丝、麻或尼龙等，就要避免太阳直射，以免受损。

③ 均匀晾干

受风均匀、受光均匀

质地较厚的部位或比较大的口袋等，可以翻过来晾晒，或将重叠在一起的东西分开。只要稍微改进一下晾晒方法，就可以加快变干的速度。

有口袋的衣服建议翻过来晾晒

半身裙、裤子等可以先翻过来晾晒，等口袋干了之后，再翻回去，让内外均匀晾晒。

质地厚的衣服，将衣袖放到上面

无帽卫衣等质地较厚的衣服，袖子和腋下很难晒干。可以等肩部干了之后，将袖子挂上去，以增加受风面积。

▲晾袜子的时候，如果脚趾一端朝下，水就会堆积在脚趾、脚跟那里，难以晾干。所以如果想要快点晾干，就用夹子夹住脚趾部分。

腰部在上。

▲晾裙子和裤子的时候，让腰部在上面。

小建议

晾连帽衫的时候，将帽子朝下，就不会接触到背部了。可以更快地晾干。

第 **3** 章

洗衣、熨烫、缝纫的基本

小妙招 👍

如何在狭小的空间内晾很多衣物

用伞形衣架晾晒

在晾衣棒呈放射状向外延伸的伞形衣架下，挂一个方形多夹子衣架。这样一来，就可以在很狭小的空间内，晾晒很多毛巾、内衣等小物件了。非常方便。

通风不太好，所以仅限于薄的物件。

Z字形晾晒

没有足够空间晾晒毛巾时，可以用1个夹子夹2条毛巾，呈Z字形晾晒。

室内晾晒的秘诀

梅雨时节，室内晾晒是一个令人头疼的问题。为了抑制杂菌繁殖，从源头上根绝异味，学会运用家电产品至关重要。

Point 1 不要一次性洗太多

湿气堆积，难以晾干

室内晾太多衣服，会造成湿气堆积，难以晾干。不要堆积脏衣服，要勤洗。

使用室内晾晒专用的洗涤剂

可以用具有除菌、除臭功效的洗涤剂或喷雾，消灭衣服上的杂菌和异味，从源头上根绝室内晾晒带来的半干未干的臭味。

Point 2 脆弱的衣物要阴干

缩短晾晒时间，防止杂菌繁殖

晾晒时间太长，会导致杂菌繁殖，从而形成异味。可以有效利用电风扇、空调等家电产品，尽早把衣服晾干。

Idea 1

电风扇

开启最低档的摇头模式，均匀地给衣服吹风。这种方法可以让晾干的速度快 3 倍左右。而且比烘干机便宜，还不会伤害衣服的纤维。

Idea 3

除湿烘干机

不仅可以高效除湿，还能让所有衣服均匀干燥。带送风、除菌、除臭等功能的类型也有很多。

Idea 2

> 如果没有专用晾衣架，就利用伸缩杆。

浴室烘干机

湿气较重的浴室本身就设计成了容易除湿的结构。可以将衣服挂在里面，彼此间保持一定的距离，然后打开排气扇晾干。

Idea 4

空调

天气炎热的时候，同时打开空调和电风扇，可以让衣服干得更快。注意将空调设置为除湿模式。

Point ③ 利用身边的物品

稍微花点功夫，让衣服尽快干燥

要想缩短干燥时间，最重要的是充分去除衣服上的水分，不让房间的湿度变高。多利用报纸等身边的物品吧。

Idea 1

在衣服下垫报纸

报纸具有很强的吸湿性，在堆积着很多湿气的衣服下方，平铺几张报纸，可以加快干燥的速度！

Idea 2

用干毛巾包裹住脱水

将重要的衣服平铺在干燥的浴巾上，然后从身前开始不断向上卷起。这个方法不仅可以去除水分，还能让衣服干得更快。

Idea 3

灵活运用烘干功能

先烘干 10 分钟左右，再拿出来晾的话，可以干得更快。相反，如果先整理衣型，晾 1 个小时左右后再放入烘干机，那么衣服干燥后褶皱就会比较少，会显得很平滑。

Idea 4

用夹子式衣架保持间距

衣服挂得太密集，会不容易干。可以用能够固定位置的夹子式衣架，让衣服之间的间隔保持在 10cm 以上。

Idea 5

脱水后立即熨烫

用洗衣机脱完水后，立即熨烫不容易干的部位以及有褶皱的部位，然后再晾晒。这样不仅可以消除褶皱，还能让衣服快速变干。

Check!

各种用于室内晾晒的小工具

室内用晾衣竿

在天花板上安装两根带圆环的杆子，将晾衣竿插进去，制成室内晾衣架。不用的时候，将杆子拿下来，房间就会整洁很多。

门框横木晾衣架

要晾的衣服比较少时，可以在门框的横木上安装专用的挂钩。窗口会有湿气传进来，窗帘轨道等不适合。

第 **3** 章

洗衣、熨烫、缝纫的基本

151

熨烫的基本

关于熨烫，其实有一些我们看似知道，实际上却并不了解的技巧。
请先掌握熨斗的基本功能和使用方法，再有效地加以利用吧。

基本的使用方法

根据面料改变温度和熨烫方法

请先确认衣服标签上的洗涤标志，掌握熨斗的设定温度，以及是
否需要垫一层布。根据这些来对衣服进行分类，熨烫会顺利很多。
如果不放心，可以在不显眼的地方先试一下。

重点 1 从低温到高温

熨斗升温需要一个过程。先熨烫必须低温熨烫的衣服，最
后熨烫需要高温熨烫的衣服。这样就能节约时间了。

重点 2 单向熨烫

熨烫的时候，要把熨斗轻轻地推向一个方向，另一只手则
拉住衣服做辅助。不要来回推移，防止往回退的时候，衣
服出现新的褶皱。

重点 3 等完全冷却、彻底干燥后再收起来

熨烫完毕后，将衣服挂在衣架上，等完全冷却、彻底干燥
后再收起来。

什么时候用

上浆喷雾

衣服需要上浆时

想让衬衫晾干后变得挺括，可以使用
上浆液。但是，上浆液不可以用于丝绸、
人造丝等不能水洗的面料。衣领根部
和袖口等部位则可以使用。

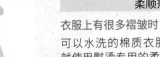

柔顺剂

衣服上有很多褶皱时

可以水洗的棉质衣服如果皱巴巴的，
就使用熨烫专用的柔顺剂。使用之后，
熨烫会变得十分顺滑，一些细小的褶
皱也会被一扫而光。

蒸汽功能

想要抚平褶皱或让衣服变得松软时

想要抚平褶皱，或在裤子、裙子上制
造折痕时，可以使用蒸汽轻轻地按压。
想让毛衣等毛比较长的衣服变得松软
时，也可以使用。

垫布

想要防止脆弱的面料泛油光时

羊毛、丝绸和麻等脆弱的面料容易泛
油光。在熨烫这些面料的时候，为了
不伤害布料，必须在上面垫一块大一
点的棉手帕或纱布。

选择熨斗的诀窍

根据熨斗的用途来选择

所有熨斗的发热性能几乎没有差别。但是，蒸汽等各项功能以及形状会影响使用感。选择自己用着顺手的熨斗吧。

●电熨斗还是蒸汽熨斗

通过喷出蒸汽来抚平褶皱的蒸汽式熨斗是现在家用熨斗的主流。而依靠力量和热气抚平褶皱的电熨斗，则越来越少见了。

●放置式熨斗还是手持式熨斗

手持式熨斗是当下最为流行的，使用非常方便。其中包含可以对挂在衣架上的衣服喷射蒸汽的挂烫机，以及手掌大小的迷你熨斗。和放置式熨斗相比，手持式的力道稍显不足，但对付小褶皱还是绰绰有余的。

●注意细小的功能差异

如果想要用得久一点，就选择喷氟底板的类型；如果需要用到大量的蒸汽，则建议选择具有防出气孔堵塞功能的类型。总之，请根据自己的需求确认功能。

小建议

根据自己衣服的类别、大小、材质，选择合适的熨斗。无线熨斗非常方便。

第 **3** 章

洗衣、熨烫、缝纫的基本

熨斗的种类

蒸汽熨斗

手持蒸汽挂烫机

蒸汽熨斗
通过喷射大量的蒸汽，抚平褶皱，还可以消除衣服上的味道。

手持蒸汽挂烫机
熨烫时无须将衣服从衣架上拿下来。和衣服保持些许距离，喷射蒸汽，将褶皱抚平。

●无线
可以自由移动，熨烫衬衫等衣服的细小部位时非常方便。但是每隔几分钟就需要充一次电，不适合熨烫大件衣物。

电熨斗
通过高温的热气和按压的力量，抚平褶皱。不适合用于脆弱的面料，以及整理羊毛。

迷你熨斗
迷你熨斗又轻又小，可以熨烫一些细小的部位，非常适合出差旅行时携带。

●有线
可以维持高温，蒸汽的力度也不会减弱，适合熨烫大件衣物。因为是有线的，所以行动会受限，不适合熨烫细小部位。

熨烫

衬衫、领带

熨烫出漂亮的线条

重点

- 衬衫上的小部件也要熨烫到位
- 活用熨衣板的角
- 领带要垫一层布进行蒸汽熨烫

使用工具
- 熨斗
- 熨衣板
- 除皱喷雾

适当地使用喷雾或蒸汽功能。

1 解开纽扣,从袖口开始熨烫
解开纽扣,从袖口的左右两端向中间熨烫。纽扣周围,要用熨斗的头部小心处理。

2 按住袖口中央,防止偏移
整理好衣袖的线条。按住袖口,向着袖子根部或袖子内侧边的方向熨烫。熨烫折缝的时候,要用手轻轻拉拽袖口。

3 衣领从左右两边向中央熨烫
先熨烫衣领的背面。从左右两边向中央熨烫,以防领边缘产生褶皱。正面也同样熨烫。也可以根据自己的喜好,喷上除皱喷雾之后再熨烫,这样衬衫会显得更加挺括。

4 熨烫过肩时要利用熨衣板的角
将过肩(衣服肩部上的双层或单层)搭在熨衣板的角上,注意要让衣领悬空。

5 细致地熨烫前身片和口袋
熨烫左前身片。为了防止产生褶皱,整体从下往上熨烫,口袋部分则从两侧向中央熨烫。

6 纽扣周围的褶皱也要注意
换边,熨烫右前身片。从下摆处往衣领的方向大幅推动。纽扣之间的褶皱可以用熨斗尖熨平。

7 熨平袖孔处的褶皱
朝着熨衣板角的方向熨烫袖孔,熨平褶皱。

8 后背的折缝也要熨整洁
最后熨烫后身片。从下摆处往衣领的方向大幅推动。左手拉住折缝或衣领,轻轻按压折缝,熨出完美的线条。

领带

高温会损坏面料，要小心哦！

1 中温蒸汽熨烫

用手抚平褶皱，在上面垫一层布。将熨斗设置成中温，隔空向垫布喷蒸汽。

2 用手轻轻抚平褶皱

喷完蒸汽后，暂时把垫布拿走，一边确认褶皱的方向，一边用手轻轻抚平。

3 利用熨斗的热气令其干燥

抚平褶皱后，关闭蒸汽。然后将垫布铺在上方，隔空熨烫，利用熨斗的热气计水分蒸发。

4 用两根长筷子打造松软质感

将长筷子插入折缝后再熨烫，领带会变得松软。

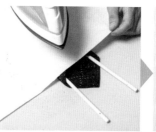

5 用蒸汽隔空熨烫

垫一层布之后，用蒸汽隔空熨烫。熨完之后，拿走垫布，确认一下领带的形状是否整齐。

最后让人感觉很饱满。

6 利用熨斗的热气使其干燥

确认领带已经熨烫平整后，关掉蒸汽熨斗。再次将垫布盖在领带上，隔空熨烫，利用熨斗的余热让水分蒸发。

使用工具
- 熨斗
- 熨衣板
- 垫布
- 长筷子

第**3**章

洗衣、熨烫、缝纫的基本

Check!

领带（半温莎结）的系法

领结呈三角形的半温莎结，看上去干净利落，非常适合正式场合使用。

❶ 大剑 / 小剑

❷

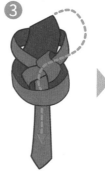

❸

❹

将领带正面朝上挂在脖子上，然后将大剑放在小剑上，形成交叉。

将大剑绕小剑转一圈后，插入领口的圆环中，再向上折起。

将大剑重新插入新形成的圆环中，然后向下翻折。

一边拉直大剑，一边调整领结。注意如果下拉太过，领结会变小。

熨烫

裤子、百褶裙和丝巾

脆弱的衣服上面垫一块布

裤子

1 抚平裤子内侧的褶皱

将裤子的两条裤腿重叠在一起。掀开上方的裤腿，在下方的裤腿内侧垫一块布，将臀部的褶皱熨平。上方的裤腿同样操作。

2 按压着熨烫中线

掀开上方的裤腿，在下方的裤腿内侧垫一块布，从裤脚开始向上按压着熨烫中线。上方的裤腿也同样操作。

3 熨烫拉链周围和腰围处

垫一块布，熨烫拉链周围和腰围处。熨烫拉链周围时，注意不要钩住熨斗。

使用工具
• 熨斗
• 熨衣板
• 垫布

4 在裤脚处熨出明显的线条

按压着熨斗，在裤脚处熨出明显的线条。如果只是滑过去，线条容易偏移，一定要注意。

5 整理折缝

最后，拉开折缝，一边整理一边熨烫。

小建议

如果想要裤子熨完后有立体感，就将叠好的浴巾塞到里面后再熨烫。

重点

丝巾边不熨烫

裙褶要一点一点对齐

裤子按压着熨烫，可以防止线条偏移

熨烫整齐的小妙招

带脚的熨衣板让熨烫变得更简单

熨烫裤子等有弧度的衣服时，可以使用带脚的熨衣板，十分方便。熨烫时，将裤腿套在熨衣板的一端，可以增加裤子的立体感。带脚的熨衣板有站着熨烫和坐着熨烫的类型，选择对自己而言方便的一种。

也特别适合用来熨烫衬衫肩膀到袖子的部分。

可以坐着熨烫的船形熨衣板。

百褶裙

使用工具
- 熨斗
- 熨衣板
- 垫布
- 回形针

用回形针夹住裙褶。

1 用回形针夹住，防止裙褶偏移

裙褶的折痕发生偏移，难以熨烫时，可以用回形针固定住。

2 一点一点整理裙褶

每次整理2~3片，按压着熨斗从裙摆往腰部的方向熨烫，反复多次。如果是羊毛材质的，需要垫一块布再进行按压熨烫。

3 最后取下回形针

取下回形针，等热气散尽，完全干燥后再收起来。

丝巾

使用工具
- 熨斗
- 熨衣板
- 垫布

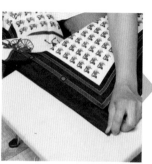

1 垫一块布，从中间往左右两边熨烫

将拉拽之后会伸长的方向竖向放置，然后翻过来。在上面垫一块布，从中间往左右两边熨烫。

2 丝巾边不熨烫

丝巾边是经过锁边处理的。如果被熨烫破坏了，围在脖子上时的丝巾边就很容易扭曲或翘起来。需要特别注意。

小建议 💡

要想彻底消除褶皱，最好在半干的时候熨烫。熨烫过后，挂在易干燥的地方。

Check!

可以在浴室消除丝巾上的褶皱

熨烫丝质品时，即便在温度控制上已经非常小心，或者在上面垫了一块布，也还是有可能给衣服带来负担，造成起球。如果不想自己喜欢的丝巾毁于熨斗，就将它挂在浴缸的上方吧。从浴缸飘出来的水蒸气可以将褶皱消除。挂的时候，用夹子夹住丝巾，以免从衣架上滑落。夹子和丝巾之间也要垫一块布。

如果没有晾衣竿，就用晾衣绳或浴室专用的伸缩杆来挂衣架。

第 **3** 章

洗衣、熨烫、缝纫的基本

熨烫

针织衫、毛衣

用蒸汽解决问题

使用工具

• 熨斗
• 熨衣板
• 垫布

1 用蒸汽熨斗悬空熨烫

将蒸汽熨斗稍微悬空，轻轻抚过衣服表面。这样熨烫出来的衣服才会显得松软。一定要在衣服上垫一块布。

2 衣领和袖口也要喷射足够多的蒸汽

衣领和袖口也是轻轻抚过，不要用力按压熨斗。如果要整理厚毛衣的针眼，悬空 1cm 左右熨烫。

Check!

用蒸汽熨斗解决问题

喜欢的针织衫洗完后缩水了，或者越穿越大。如果你也有这样的烦恼，就利用蒸汽熨斗来解决吧。

● 缩水时

1 对整件衣服喷射蒸汽

悬空给整件衣服均匀地喷射蒸汽。不要忘了垫一层布。

2 一点一点拉伸

喷射蒸汽后，上下左右轻轻地拉扯，直到恢复原来的尺寸。

● 袖口变松时

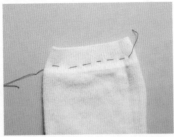

1 将袖口缝住，收紧

从袖口的一端向内缝，每针间隔 3~5mm。最后用力收紧。

2 对袖口喷射蒸汽

熨斗悬空着向袖口内外喷射蒸汽。抽掉针线，整理一下形状后，再喷射一次蒸汽。

重点

● 蒸汽可以解决缩水等问题
● 一定要垫一层布
● 用蒸汽熨斗悬空熨烫

去除褶皱的诀窍

如果没有时间慢慢熨烫，可以在洗衣服的时候多花点心思，或使用不同种类的熨斗。
只要这样就能轻松预防或去除褶皱。

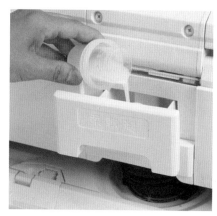

使用柔顺剂

使用柔顺剂后，衣服会变得轻柔松软。如果晾晒得当，甚至可以不用熨烫。

褶皱瞬间消失，出门前应急使用非常方便。

挂在衣架上喷射蒸汽

将衣服挂在衣架上，然后对着有褶皱的地方喷射大量蒸汽。这样能快速去除褶皱。

记住这些会很有用！不易起褶皱的面料和容易起褶皱的面料

不易起褶皱的面料	容易起褶皱的面料

涤棉混纺的硬挺衬衫

涤纶和棉混纺制成的衬衫。洗完后几乎不会产生褶皱，且干得很快。

涤纶、尼龙

涤纶和尼龙是衣服中常用的化学纤维。这类材质的衣服不用熨烫。但如果要熨烫，应使用中温（熨斗温度140~160℃）。

棉、麻、人造丝

天然纤维中，尤其容易起褶皱的是棉和麻。在晾晒的时候，需要用手将褶皱拍平。熨烫人造丝时，选择中温，并在上面垫一张纸。

全棉的硬挺衬衫

棉经过特殊加工后，也可以变得不易起褶皱。对于喜欢棉质衣服的人而言，用这种棉制成的硬挺衬衫会是不错的选择。

护理

穿过后的护理至关重要

不立即洗的衣服

针织衫、毛衣

刷衣服

小建议 💡

推荐使用不易起静电且质地柔软的猪毛刷。如果没有刷子，就将毛衣颠倒过来，甩两下。这样也能甩掉灰尘。

穿过之后刷一刷

毛衣穿过后，需要刷一刷，理顺绒毛。把毛衣放在平坦的地方，然后用毛球刷从上往下轻轻抚过，注意不要太用力。

使用工具

刷衣服
• 毛球刷

去除毛球
• 毛球刷
• 尼龙海绵擦
• 剪刀

去除毛球

1 从上往下轻轻摩擦

如果没有毛球刷，也可以用厨房的尼龙海绵擦代替。将刷子放在毛衣上，从上往下轻轻擦过。

2 大毛球用剪刀剪掉

刷子无法刷掉的大毛球，就一个个用剪刀剪掉。剪的时候注意不要剪到衣服。

重点

用刷子刷掉灰尘

一旦沾上汗液或水渍，就立即处理

黑色斑点用中性洗涤剂，皮脂用挥发油清除

Check!

衣服湿了该怎么办？

●被汗浸湿时

汗水中含有的盐分和氨残留在衣服上后，会让衣服泛黄。因此，会吸附很多汗液的腋下等部位，要先用水浸湿，然后用拧干的漂白布拍打，将盐分和氨转移到布上。最后再晾干。

●被雨雪淋湿时

先用毛巾把水分擦掉，然后挂起来晾干。晾的时候注意不要让衣服变形。晾干后，刷一刷，理顺绒毛。如果形成了环状的斑迹，就先用水浸湿，然后用拧干的漂白布等擦拭圆环，使其向四周晕开。

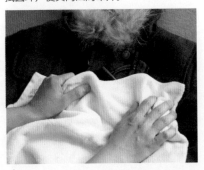

刷衣服

袖口和口袋处也同样。

1 让堆积的灰尘浮现出来

衣领根部容易堆积灰尘。将衣领立起来，然后用刷子的毛轻轻拍打几下，让灰尘全都浮现出来。

1周至少刷1次。

2 沿着一个方向刷

从下往上刷，让灰尘全都浮在表面。然后再顺着毛的方向，从上往下刷一遍，将灰尘刷掉。

使用工具

刷衣服
• 刷子

黑色污渍
• 中性洗涤剂
• 漂白布

皮脂污垢
• 挥发油
• 漂白布

黑色污渍

用在洗涤液中浸泡过的漂白布去除

将漂白布放入水中浸湿，稍稍拧一下。然后擦拭衣领根部、袖口等部位的黑色污渍。最后再用完全拧干的漂白布将洗涤剂擦掉，并在通风良好的地方晾干。

皮脂污垢

1 将挥发油倒在漂白布上

将足量的挥发油倒在漂白布上，涂抹所有脏了的地方。

2 用沾有挥发油的布擦掉污垢

擦拭脏了的地方，然后挂在通风良好的地方晾干。

小妙招 👍

利用蒸汽熨斗的高温杀菌、除臭

当衣服外面沾上了烤肉、香烟等难闻的气味时，可以利用蒸汽熨斗对着整件衣服喷洒蒸汽，快速消除异味。此外，在流感季节，也可以利用蒸汽高温杀菌。

芳香喷雾也很有效。

手持式蒸汽熨斗十分适合外出携带。

▼空气清新剂的制作方法参考 P166

需要勤护理

鞋子

皮鞋里的汗渍可以用清水擦拭

鞋油要擦拭均匀

被水浸湿后要立即处理

鞋子的护理工具

鞋子的护理工作总是容易被忽略。但是，如果经常护理，鞋子的使用寿命会延长很多。
在家准备好一些基本的护理工具吧。

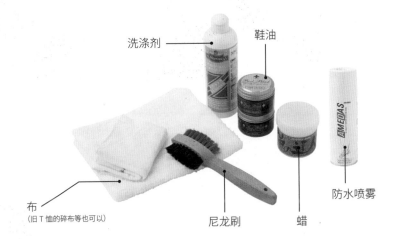

洗涤剂　　鞋油

防水喷雾

布
（旧 T 恤的碎布等也可以）

尼龙刷　　蜡

皮鞋

1 用清水擦拭整只鞋
用刷子将鞋面上的灰尘、污垢刷掉后，再用稍微拧干的布均匀地擦拭。然后放在阴凉处晾干。

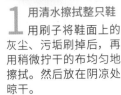

2 擦掉残余的鞋油
将洗涤剂倒在布上，然后稍用力地擦掉以前涂抹的鞋油等物。先在不显眼的地方检查一下会不会褪色。

3 用尼龙刷涂抹鞋油
根据鞋子的颜色选择合适的鞋油，少量多次地点涂在鞋面上后均匀抹开。鞋子的表面以及与鞋底的交界处容易有划痕等，需要特别细致地处理。

使用工具
• 布
• 尼龙刷
• 洗涤剂
• 鞋油
• 蜡
• 防水喷雾

4 让鞋油充分渗透
小幅度来回推动毛刷，让鞋油充分渗透整个鞋面。多余的鞋油用布擦掉。

5 给鞋底的边缘上蜡
当鞋底也有皮革时，为了防止断裂，需要在鞋底的边缘涂抹蜡，补充油分。

6 最后喷防水喷雾
喷了防水喷雾后要注意晾干。尤其是皮质较软的鞋，一定要做好防水工作。

翻毛鞋

使用工具
- 布
- 尼龙刷
- 专用喷雾

1 用清水擦拭整只鞋子
用尼龙刷将鞋面上的灰尘、污垢刷掉后，用稍微拧干的布均匀地擦拭鞋面。然后放在阴凉处晾干。

2 用刷子整理绒毛
用尼龙刷刷鞋子。先向着各个方向刷，然后向着可以起毛的方向刷。

用专用喷雾，能让鞋子长久保持干净。

3 喷防水喷雾
对着鞋子喷洒可以补充翻皮油分、具有防水效果的喷雾，等其充分干燥。

靴子

使用工具
- 布
- 尼龙刷
- 鞋撑（或报纸）

1 用刷子刷掉灰尘或污垢
用大号的尼龙刷刷掉鞋面上的灰尘和污垢。特别是和鞋底的交界处，容易堆积灰尘，需要细致地清理。

2 用洗涤剂去除污垢
将洗涤剂倒在布上，擦掉所有的污垢之后，再用一块新的布打磨一遍。

3 收纳保管，注意保持鞋型
用靴子专用的鞋撑，或用纸包裹住揉成一团的报纸，做成圆筒状后塞入鞋子，防止鞋子变形。

Check!

湿鞋子的护理

鞋子被雨水或汗水浸湿后，应立即处理。接下来介绍几种可以在家做的简单护理法。

被水浸湿

先用旧毛巾擦掉鞋子内外的水分。然后将报纸揉成一团，塞入鞋子，让其顶住鞋头。最后放在通风良好的地方晾干。等完全变干之后，进行日常的护理。

汗渍

鞋面上如果出现了白色粉状的汗渍，可以用湿布擦拭。在毛巾上多蘸一点水，用力按压着擦拭出现盐分的部位。反复擦拭和阴干，直至盐分完全消失。

护理

永远光亮如新

皮制品和配饰

重点

保持皮制品长久耐用的秘诀是定期护理

根据材质，改变去污方法

收纳的时候也要注意

皮制品

1 用干抹布擦掉灰尘和污垢
先用干抹布将灰尘和污垢擦掉。如果污垢擦不掉，就使用皮革专用的去污剂。

2 用皮革专用乳霜补充油分
将皮革专用乳霜涂在皮制品上，然后在皮面上均匀地涂抹开。必须涂抹均匀。

使用工具
• 布
• 去污剂
• 皮革专用乳霜

3 用新布擦出光泽
最后用新布擦拭一遍。材质脆弱的鞋子，可以装入布袋后再收起来，存放在阳光直射不到、通风良好的地方。

小建议
下雨天外出时，不要忘了使用防水喷雾。

眼镜

1 用中性洗涤剂去除眼镜上的污垢
镜片上如果出现了指纹或皮脂类污垢，就将眼镜浸泡在稀释过的中性洗涤液中，用手指细致地清洗。

2 用软布擦干水渍
用清水冲洗干净后，再用柔软的布将水渍擦干。

使用工具
• 中性洗涤剂
• 软布
• 专用螺丝刀

用专用螺丝刀解决螺丝松动问题
螺丝松动了，可以使用精密产品专用的细螺丝刀拧紧。拧的时候，注意不要太用力，以免弄坏眼镜。

小建议
如果螺丝拧紧后，很快又松动了，就拿到眼镜店去修理吧！

链子

使用工具

• 中性洗涤剂
• 软布

链子

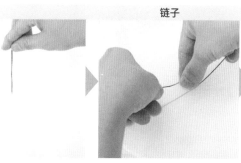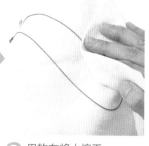

1 在温水中轻轻地来回晃动
链子的缝隙中如果堆积了灰尘，或沾上了皮脂类污垢，就将链子放入含有中性洗涤剂的温水中，来回晃动着清洗。

2 用手指清洗脏了的部位
特别脏或灰尘特别多的部位，可用手指细致地清洗。

3 用软布将水擦干
用清水将洗涤剂冲洗干净后，用一块软布将水分擦干，擦的时候注意不要损坏链子。

银饰

使用工具

• 软布
• 锡纸
• 小苏打或盐

银饰

1 将首饰放在锡纸上
在耐热容器中铺上一层锡纸，然后将首饰放在上面。

2 放入小苏打和热水
放入小苏打（或盐），然后从上方倒入热水。

3 最后用软布擦拭
最后用软布擦干水渍，就可以恢复原来的光泽度了。

其他材质

使用工具

金属、塑料、宝石
• 中性洗涤剂
• 软布
• 牙刷

珍珠
• 软布

金属、塑料

最后过水擦干。

用软布擦拭
日常护理时，用软布擦拭即可。正规护理时，可以将其放入含有中性洗涤剂的温水中，然后用软毛牙刷轻轻刷。

宝石

不同的宝石的护理方法
钻石、红宝石等硬度高的宝石，可以放入含有中性洗涤剂的温水中，用牙刷轻轻刷洗，最后过水擦干。绿宝石、蛋白石等硬度低的宝石，则用干的软布擦拭。

珍珠

用完后用布擦拭
珍珠比较脆弱，汗液、皮脂、水和化妆品都有可能伤害它。养成用完后立即用软布擦拭的习惯，并且收纳时要避免阳光直射的高温多湿区域。

不能水洗的布制品也散发着清香！

用空气清新剂消除家中的异味

窗帘、布沙发等都是无须频繁清洗的布制品。
接下来就试着用简单的材料制作可以除臭的
芳香喷雾，消除家中的异味吧。配合使用具
有驱蚊除螨等效果的精油，还可以制造出各
种不同用途的喷雾。选择自己喜欢的味道，
放松心情吧。

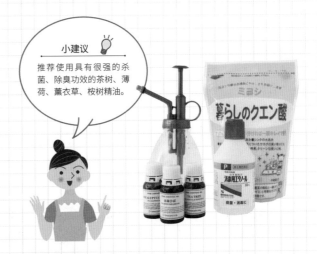

小建议

推荐使用具有很强的杀
菌、除臭功效的茶树、薄
荷、薰衣草、桉树精油。

用于衣服

香烟味、鱼腥味、厕所的氨臭味等都是碱
性气味，可以用柠檬酸来消除。加入酒精
之后，还能提高除菌效果，让精油更好地
融于其中。

柠檬酸 + 消毒酒精喷雾的制作方法 & 使用方法

1 计算好消毒酒精的
用量
在可以使用酒精的喷雾
瓶中，加入 20ml 酒精。
※ 喷雾瓶要选择聚乙烯等耐
酒精的塑料瓶。玻璃瓶也可以。

2 加入精油，充分混合
滴入 10 滴自己喜欢
的精油，摇晃使其充分
融合。

3 加入水和柠檬酸
加入 30ml 水和 1 小
勺柠檬酸。继续摇晃使其
充分融合即可。

往沾上异味的帽
子上喷一下。

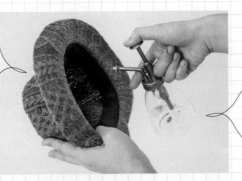

出门前喷一下，
清新舒适。

用于沙发、窗帘

窗帘、沙发、鞋柜、垃圾桶等，与生活相关的大部分气味都是酸性的。可以用弱碱性的小苏打来中和。

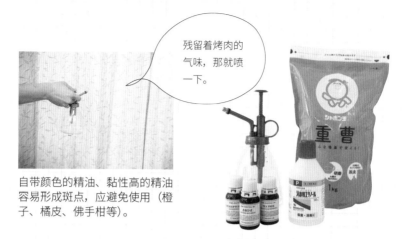

残留着烤肉的气味，那就喷一下。

自带颜色的精油、黏性高的精油容易形成斑点，应避免使用（橙子、橘皮、佛手柑等）。

小苏打 + 消毒酒精喷雾的制作方法 & 使用方法

1 计算好消毒酒精的用量在可以使用酒精的喷雾瓶中，加入 20ml 酒精。

2 加入精油，混合均匀滴入 10 滴自己喜欢的精油，摇晃使其充分混合。

3 加入水和小苏打加入 30ml 水和 1 小勺小苏打。继续摇晃使其充分融合即可。

用于毛绒玩具和床上用品

具有很强的挥发性以及卓越的除菌效果，适合用于孩子的东西或床上用品。

高浓度消毒酒精喷雾的制作方法 & 使用方法

1 制作喷雾加入 40ml 酒精、10 滴精油和 10ml 水，使其充分混合。

2 充分喷洒将制作的喷雾喷洒到毛绒玩具等物品上，待其干燥。

3 吸掉灰尘干燥后，用吸尘器吸走灰尘。这样还能预防螨虫。

缝纫

必须掌握的技能

缝纽扣

必备的缝纫工具

如果出门前发现扣子掉了或松了，家里又没有备用的缝纫工具时，就会慌乱不已。因此，一定要备好基本的缝纫工具，以备不时之需。

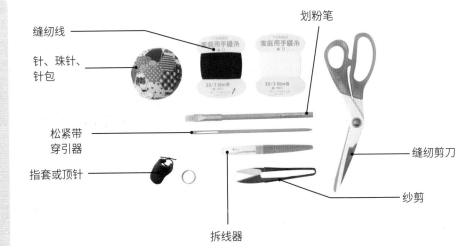

划粉笔

缝纫线

针、珠针、针包

松紧带穿引器

指套或顶针

缝纫剪刀

纱剪

拆线器

重点

- 基本的缝纫工具是必备品
- 穿线可以使用专用的工具
- 纽扣和按扣要细致地钉

穿线

将线头弄尖后穿过针孔

用纱剪斜着剪线头，使其变尖，然后径直传入针孔，会比较容易成功。

打结

用指尖收线打结

线头绕食指一圈，然后用拇指按住。挪开食指，让线合并到一起。最后用中指按着，同时拉线。

小妙招 👍

只需轻轻一按，线头轻松穿过

线无法顺利穿过去时，可以使用专用的工具。十分方便，按一下，就穿过去了，谁都可以轻松使用。

※ 市面上有各种各样的穿线器，大家可以根据自己的需求在网上购买。

日本河口的"魔法针线包"。将线放到头部的针孔处，向下一拉即可。

日本 Clover 的"桌面穿线器"。将针和线分别放在指定的地方，按下按钮即可。

缝纽扣

使用工具

- 纽扣
- 缝纫线
- 针

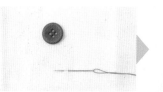

1 将针插入纽扣的位置
穿线打结。在钉纽扣的位置将针刺入布料，挑一针后再穿出来。

2 制作出纽扣脚
将针穿过纽扣孔，再从旁边的孔穿回来。挑一针后再从纽扣孔中穿出去。如此反复两三次。最后将线在纽扣和布料之间缠绕三四圈，制作出纽扣脚。

纽扣和布料之间预留出几毫米的间隙。

3 在背面打结，固定住纽扣
用针挑一下纽扣脚上的线圈，然后从布料背面穿出。将线在针上绕 3 圈，按住以防变松，然后将针抽出来，再穿回正面，将线剪断。

缝带脚纽扣

使用工具

- 带脚纽扣
- 缝纫线
- 针

1 将针插入纽扣的位置
穿线打结。在钉纽扣的位置将针刺入布料，挑一针后再穿出来。

2 将针穿过纽扣脚
将针穿过纽扣脚，挑一针后再穿过纽扣脚。如此反复两三次后，将线在纽扣脚和布料之间缠绕三四圈。

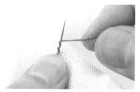

3 在背面打结固定住纽扣
用针挑一下线圈，然后从布料背面穿出，打一个死结后，再穿回正面，将线剪断。

缝按扣

使用工具

- 按扣
- 缝纫线
- 针
- 珠针
- 划粉笔

1 先缝凸面
先缝凸面会更顺利。将凸面钉在上面那层布的背面。

2 在钉的位置进针
穿线打结，在钉按扣的位置挑一针，然后从按扣的孔中穿出。

3 让针穿过圆环
慢慢地将线拉出来，最后形成一个圆环。让针穿过圆环，然后收紧。如此反复两三次后，转至旁边的孔。如果按扣不稳定，老是移动，就在中间的洞中插一根珠针。

4 定好凹面的位置
缝好所有洞后打结固定。在凸面上涂抹少许划粉，然后按压到下方的布上。

5 钉上凹面
完成第 4 步后，下方的布上会留下一个印记。凹面就钉在那里，钉法同凸面。最后剪断线的时候，让针从按扣和布料之间穿过去。

小建议
暗扣的缝法也同样。先确定好位置之后再缝。

169

缝纫

掌握基本的步骤

改裙摆、穿松紧带

改裙摆① [锁边缝]

使用工具

・针
・线

1 在三折的部位进针
将裙摆三折。穿线打结，从三折后的山峰背后进针。使用颜色和布一致的线。

2 挑外层布料
为了不在外表面留下明显的针眼，挑一两根外层布料的纱线，将针穿过去。然后再挑一下三折后的山峰。如此反复，缝一圈后打结固定。

改裙摆② [熨烫]

使用工具

・裙摆胶带
・熨斗
・垫布

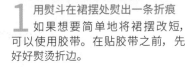

仔细阅读产品上的使用说明后再开始。

1 用熨斗在裙摆处熨出一条折痕
如果想要简单地将裙摆改短，可以使用胶带。在贴胶带之前，先好好熨烫折边。

2 用蒸汽熨斗固定
贴好裙摆胶带后，在上面垫一层布，然后将熨斗设置成中温，从上往下按压，使折边和布充分黏着在一起。

重点

● 改裙摆可用锁边缝或胶带
●● 使用布用胶水的话，会更简单
●●● 安全别针可以代替松紧带

小妙招 👍

有了布和胶水，就不需要针线了

没有针线时，可以使用布用胶水简单地将裙摆改短。将胶水直接涂在布上，均匀地抹开后，垫一层布，用熨斗使其黏着在一起。因为不需要针和线，所以牛仔等厚面料也可以使用。除了改裙摆以外，还可以用来做贴花等细致的工作。在孩子的学习用品上贴名字时，也可以使用它。

缝纫初学者也可以用布用胶水。

穿松紧带

注意不要让松紧带掉了。

1 将松紧带塞入开口处

用松紧带穿引器夹住橡皮筋的一端，为了防止整条橡皮筋全都进入里面，请在橡皮筋的另一端别一个比开口大的安全别针。

2 对松紧带的两端进行锁边缝

松紧带从另一端穿出来后，拿掉穿引器，整理一下，使整条松紧带的松弛度保持一致。将橡皮筋的两端重叠 2~3cm，进行锁边缝。

使用工具

- 松紧带
- 松紧带穿引器
- 安全别针
- 针
- 线

3 将松紧带塞进开口

背面的重叠处也锁边之后，将缝纫的部分塞进开口就完成了。穿松紧带也可以用安全别针来代替。

小建议

松紧带有各种宽度的。确认清楚后再购买，以免穿不进去。

Check!

记住基本的缝法

制作抹布这样的针线活儿比较简单，只需掌握"平针缝"和"回针缝"即可。要想看上去整洁美观，统一针脚是关键。

平针缝

平针缝是最基础的缝法。首先，穿线打结。然后让针从背面穿上来，再穿回背面，等间隔、笔直地进行缝线。

回针缝

如果想要比平针缝更加牢固，就使用回针缝。针从背面穿上来后，反方向回一针穿回背面。然后在背面行进 2 针的距离后再穿出来。反复该操作，并让针脚的长度保持一致。

缝名牌

孩子入园、入学前的准备工作

重点

用竖向锁边缝，让外表看着更整洁美观

通过熨烫修补的补丁贴可以节省时间

通过手缝，将旧毛巾做成抹布

缝名牌［锁边缝］

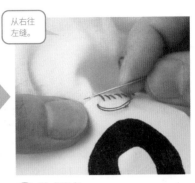

从右往左缝。

使用工具
- 熨斗
- 针
- 线
- 珠针

1 向内折窄边
将名牌的空余部分向内折一条窄边，并用熨斗固定，熨出明显的折痕。然后用珠针将名牌固定在衣服上要缝的位置。穿线打结，从窄边里侧进针。

2 缝成直角
挑一两根衣服的纱线，将针穿过去。此时，要让针脚垂直于名牌边。然后再从窄边的里侧进针，如此反复。另外三条边也同样如此。

贴名牌［熨烫］

使用工具
- 名牌贴（背胶）
- 垫布
- 熨斗

1 垫一层布熨烫
用油性笔写上名字后，将带胶的一面朝下，贴在衣服上贴名牌的位置。然后垫一层布，用中温的电熨斗用力按压。

2 背面也要熨烫
为了黏得更牢固，正面熨烫后，背面也要熨烫一下。注意冷却之前不要碰触熨烫处，以免烫伤。

Check!

布用的打印贴纸和图章也很方便

利用打印机在布用打印贴纸上打出名字后，裁剪成合适的大小，然后用熨斗熨一下，黏在衣服上即可。这种贴纸经加工处理后不易褪色，可以洗涤。

不需要贴名牌的手绢、袜子、内衣等，可以使用洗不掉墨水的姓名图章。它是入园、入学准备工作的好帮手。

抹布的制作方法

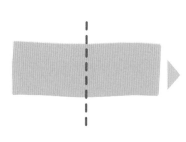

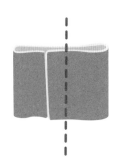

1 **在中间折出折痕**
将毛巾的长边轻轻对折，在中心部位折出折痕。可以使用旧毛巾。

2 **将一端向中线翻折**
将一端向中间翻折，稍微超出第1步中折出的中线。

3 **和另一端重合**
将另一端也向中间翻折，使其和第2步中的一端重合在一起。

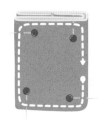

\完成/

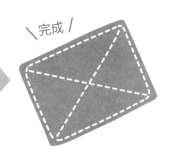

4 **将长边对折**
将第3步的长边对折，叠成长方形。

5 **从长边的中间开始，将四边缝起来**
插入珠针，防止发生位移。然后将四边缝合。从长边的中间开始缝，即便是比较厚的面料，也会容易一点。

6 **最后缝一下加固**
最后缝一下对角线，或进行压线，增强牢固性。没有固定的缝法，全凭自己喜欢。

Check!

可以考虑使用缝纫机

有小孩的家庭，经常需要制作幼儿园指定的东西。准备一台缝纫机会方便很多。有了缝纫机之后，可以做的缝纫活儿就变多了，包括改裙摆等。

缝纫

缝补衣服

多做一步，用得更久

针脚开线

使用工具
- 针
- 线
- 珠针
- 纱剪

1 用珠针固定窝边

将衣服翻过来，用珠针固定住开线部位的窝边。在衣服内侧轻拉绽开的线，剪掉不需要的。

2 采用回针缝

对开线部位进行回针缝，缝的时候尽量让针脚短一点密一点。缝至和没有绽开的针脚重叠 2~3cm 即可。

破洞

使用工具
- 熨斗
- 补丁贴
- 垫布
- 剪刀

1 剪成比破洞稍大的尺寸

很难通过手缝修补时，用可熨烫补丁贴。将补丁剪至比破洞稍大的尺寸。

2 用熨斗按压

将补丁贴的胶面对准开裂部分，然后垫一层布，用调成中温的熨斗按压 10 秒左右。

重点

针脚开线了，可以在背后进行回针缝

可熨烫的补丁贴也很方便

破洞可以用拼接布或徽章遮盖

小妙招 👍

衣服上的破洞可以用拼接布改造

衣服上的破洞很难修复到原来的样子。但孩子的衣服或牛仔裤等休闲服饰，如果出现了破洞，可以用简单又可爱的方式进行修补。

1 在破洞的背面垫一层布，然后将破洞的四周缝起来即可。布要选择和衣服同色系的。

可以用徽章代替布。

2 将布放在破洞的上方，然后用自己喜欢的方式缝起来。牛仔裤或者童装的话，随意一点也可以，会别有一番风味。

第 **4** 章

房屋修理、修缮的基本

Repair

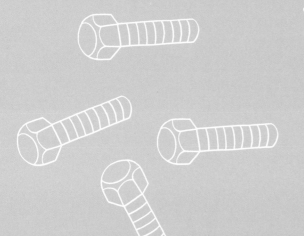

墙壁、地板和家具

划痕趁小处理

重点

●尽早处理，不让划痕变大
●修缮用品要先在小范围内逐量试验
●注重和周围的和谐感

墙纸卷边

使用工具
- 刮铲或抹布
- 墙纸胶

墙纸胶

1 注入墙纸胶
在需要修补的部位注入墙纸胶，薄薄地涂一层。

2 用刮铲去除溢出来的胶水
用刮铲按住，使其粘着在一起。在干之前，用刮铲或抹布清理溢出来的胶水。

墙纸破损

使用工具
- 墙纸补丁
- 墙纸着色剂

墙纸补丁

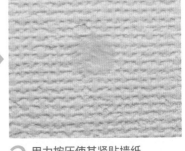

1 将补丁贴在修补部位的中心
去除待修补部位周围的污垢。待其干燥之后，根据破损的大小，准备合适的墙纸补丁，贴在中心部位。

2 用力按压使其紧贴墙纸
用力按压墙纸补丁，使其紧贴墙纸。如果觉得颜色和周围不相称，就用墙纸着色剂稍做调整。

墙纸上的小洞

使用工具
- 填充剂

填充剂

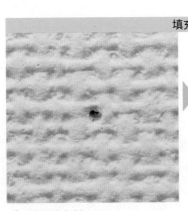

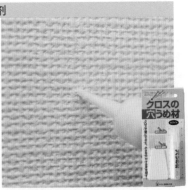

1 注入填充剂
将填充剂小管的头放入图钉、螺丝等造成的小洞中，然后一点一点挤入填充剂。

2 略做调整，使其融入周围
根据墙纸的花纹，调整填充剂的涂法，使其能与周围保持协调。

家具上的划痕

使用工具
• 修补剂

重点是选择颜色相近的修补剂。

修补剂

将蜡笔类的修补剂细致地横向涂抹在划痕上。划痕较深时，可以用吹风机将蜡笔吹融化，再填进去。

指甲油类的修补剂适用于凹凸不明显的划痕。可以通过叠涂来调节微妙的色差。

剥离贴纸

使用工具
• 刮铲
• 吹风机
• 剥离剂

贴纸剥离剂

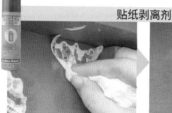

1 涂抹剥离剂
将剥离剂涂在贴纸上，使其渗透其中，静置 3 分钟左右。如果不放心，可以先在不起眼的地方试验一下。

2 用刮铲掀起来
用刮铲从一端开始将贴纸一点一点地铲起来。最后擦掉残留的剥离剂。

吹风机

用吹风机对着贴纸吹热风
用吹风机对着贴纸吹热风，每处吹 30 秒。然后从一端开始慢慢将贴纸剥下来。

地毯上的焦痕

使用工具
• 美工刀
• 木工胶
• 竹签或牙签

1 刮掉焦痕
用美工刀的刃尖轻轻刮掉焦痕。

2 将干净的纤维移植过来
从不起眼的地方剪取干净的纤维，然后用木工胶粘到有焦痕的地方。

3 用竹签把焦痕埋起来
用竹签或牙签把焦痕戳入纤维。

榻榻米上的焦痕

使用工具
• 牙刷
• 锥子或螺丝刀
• 双氧水

用牙刷刷
如果焦痕比较小，就用牙刷刷一下，然后吸走。最后用双氧水擦拭一下。

拔掉灯芯草
如果焦痕超过了1cm，就用锥子或螺丝刀将烧焦部位的灯芯草拔掉，然后将旁边的灯芯草拨向凹陷处。

纸拉门、隔扇和纱窗

准备充分，按顺序修补

重点

贴纸拉门时，要将旧的拉门纸和胶水剥干净

小破损可以用修补贴纸来弥补

隔扇和纱窗也可以在家里更换

纸拉门

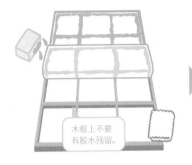

木框上不要有胶水残留。

1 撕掉旧的拉门纸

用湿毛巾或海绵擦弄湿木框，剥下拉门纸和胶水，擦拭干净后待其干燥。

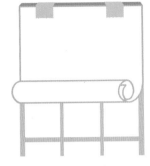

2 将新的拉门纸暂时固定

确定好位置，用美纹胶带将拉门纸暂时性地固定到木框上。

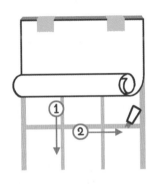

3 在木框上涂抹胶水

按照先竖后横的顺序，将胶水涂抹到木框上，然后将新的拉门纸慢慢粘贴到木框上。

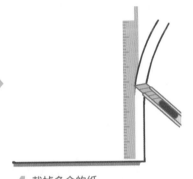

4 裁掉多余的纸

将尺子贴在纸上，然后用美工刀将多余的拉门纸裁掉，并揭下美纹胶带。

完成

使用工具
- 毛巾或海绵擦
- 美工刀
- 拉门纸
- 胶水
- 美纹胶带
- 尺子

小建议

也可以用通过熨烫就能黏着的简易拉门纸。

修补纸拉门上的小破洞

贴修补贴纸

粘贴用来修补纸拉门的日式贴纸。重点是在小破洞的前后两面各贴1张，并按住。

隔扇

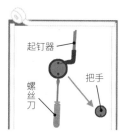

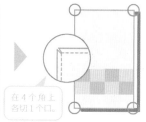

在 4 个角上各切 1 个口。

按照号码的顺序，依次高温熨烫。

1 取下把手
先拔掉钉子，然后取下把手。将美纹胶带贴到隔扇的框架上。

2 决定位置
根据花纹决定贴的位置。轻轻折出折痕，并在 4 个角上各切 1 个口。

3 用熨斗使其黏着在一起
将熨斗设置成高温，先十字按压，将隔扇分成 4 小块。然后逐块突破，使其黏着在一起。

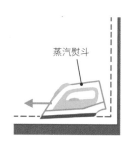

蒸汽熨斗

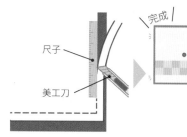

尺子

美工刀

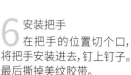

完成

使用工具

・美工刀
・熨斗
・隔扇纸（熨烫式隔扇纸）
・美纹胶带
・尺子
・起钉器
・螺丝刀

4 将四周黏合
用熨斗的边缘按压框架，使隔扇纸和框架黏合在一起。

5 切掉多余的纸
将尺子贴在框架内侧，然后用美工刀沿着尺子切掉多余的纸。再用熨斗按压一下。

6 安装把手
在把手的位置切个口，将把手安装进去，钉上钉子。最后撕掉美纹胶带。

第 **4** 章

房屋修理、修缮的基本

纱窗

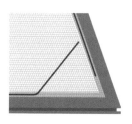

1 拆下旧纱窗
拔出固定胶条，拆下旧纱窗。

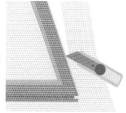

2 裁剪新纱窗
用夹子将新的纱网固定在窗框上，然后用纱窗专用的小刀裁剪得稍大一点。

使用工具
・新纱窗
・纱窗专用小刀
・夹子
・双滚轮
・固定胶条

小破洞可以用局部修补用的贴纸盖住。

3 压入固定胶条
对准边角，用双滚轮将固定胶条压入。切掉多出来的纱网。

处理纱窗的凹凸不平

用吹风机对着吹热风
保持 20~30cm 的距离吹热风，然后待其冷却。反复进行该操作，直至凹凸消失，网眼大小基本一致。

179

窗边

门锁和窗户

出问题不解决，只会加重问题

重点

● 巧妙地利用螺丝刀调整

● 用硅胶喷雾解决嘎吱作响的问题

● 跟防盗、安全息息相关，千万不可轻视

月牙锁松动

使用工具
• 螺丝刀

1 掀开盖子
掀开位于月牙锁上下方的盖子，用螺丝刀拧松调整螺丝。

2 调整位置，拧紧螺丝
调整位置，使其能够完全锁上。然后拧紧螺丝固定住。

窗框松动

使用工具
• 螺丝刀

1 确认原因
可以通过纱窗下方的调整螺丝调节滑轮的高度。也有可能是因为位于纱窗上部的防脱落装置太紧了。

2 旋转螺丝，进行调整
如果要将滑轮向上提，就顺时针旋转；如果要将滑向向下压，就逆时针旋转。

小妙招 👍

通过清理轨道 & 硅胶喷雾，解决嘎吱作响的问题

只要将堆积在轨道内的尘土等清理掉，滑动就会顺畅很多。如果这样还是不行，试着喷点硅胶喷雾。

将硅胶喷雾直接喷在轨道上，提高顺滑性。最后用干抹布擦干净。

防窥膜

1 去除玻璃上的污垢
在水中加入 2~3 滴中性洗涤剂，喷洒到整块玻璃上，然后用刮水器擦除污垢。

2 裁剪防窥膜
用卷尺测量窗户橡胶垫内侧的尺寸，然后裁剪防窥膜，使其比橡胶垫内侧短 5mm。

3 在玻璃和防窥膜上喷水
撕下防窥膜背面的保护膜，同时在贴面上喷洒大量水。玻璃上也要喷水。

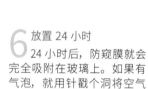

4 贴防窥膜
定好位置，将防窥膜贴到玻璃上。再一次将表面弄湿，然后上下左右推动刮水器或橡胶铲，将防窥膜里的空气排出来。

5 提高贴合度
30 分钟后，再在表面喷一次水，然后擦干。

6 放置 24 小时
24 小时后，防窥膜就会完全吸附在玻璃上。如果有气泡，就用针戳个洞将空气排出去。

使用工具
- 防窥膜
- 刮水器或橡胶铲
- 美工刀
- 中性洗涤剂
- 喷雾瓶
- 卷尺

辅助锁

小建议
如果不上锁，就算安装了辅助锁，也没有意义。选择用法简单的类型。

不要和月牙锁安装在同一个地方
安装在外面不容易被看到且手从外侧够不到内侧的地方。

使用带钥匙的辅助锁和加强辅助锁
也有带钥匙的辅助锁和用来加强月牙锁的辅助锁。这样会更安全。

▼其他防盗措施参考 P242

181

门、门扇和排水管

重点

发现问题尽早处理，防止恶化

灵活运用不同的润滑剂

自己不会的话，就委托专业公司

玄关门

使用工具

- 螺丝刀
- 抹布
- 硅胶喷雾

保养合页

如果每次开关都能听到嘎吱声，先拧紧合页上的螺丝，然后喷洒硅胶喷雾，将多余的油分擦掉。

在钥匙孔中喷专用喷雾

如果难以转动钥匙，就将专用的润滑剂挤入钥匙孔，让其变得顺滑。

闭门器的结构

闭门器是一种让打开的门以安全的速度顺利关闭的装置。
使用过程中，螺丝会发生松动，因此需要定期检查并调整。

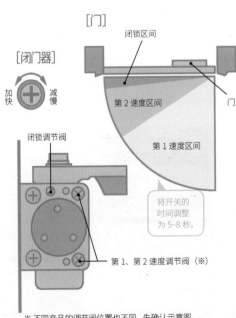

[门]

闭锁区间

[闭门器]

加快 ⊕ 减慢

第2速度区间

门

闭锁调节阀

第1速度区间

将开关的时间调整为5~8秒。

第1、第2速度调节阀（※）

※ 不同产品的调节阀位置也不同，先确认示意图。

这种时候请检查!

- 关闭的速度变慢了（或变快了）
- 关上的时候会发出很大的声音
- 关闭的过程僵硬（不顺滑）

调节开关速度

❶ 开始关闭的第1速度区间和即将关闭的第2速度区间都有各自的调整螺丝。转动螺丝，将门开始关闭到结束关闭的时间调整为5~8秒。

❷ 如果闭门器有在落锁位置前快速落锁的功能（闭锁动作），可以逆时针旋转调整螺丝进行调节。

门扇

使用工具

· 防锈润滑喷雾
· 抹布

除了合页等可移动部位之外，门顶也要喷。

生锈

喷洒润滑喷雾

当可移动部位因生锈等嘎吱作响时，可以喷洒防锈润滑喷雾，然后将浮出来的污垢擦拭干净。

螺丝松动、丢失

拧紧可移动部位的螺丝

用螺丝刀或扳手重新拧紧螺丝。如果丢失了，可以联系门扇厂商。

排
水
管

使用工具

· 防水胶带
· 牙刷

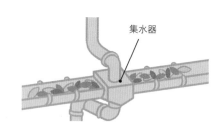

集水器

集水器

可以将排水管接到的水集中往下排放，因此也容易堆积垃圾，造成堵塞。

裂痕、破洞

用修补胶带修复

用牙刷将粘在上面的垃圾、泥垢等刷掉，擦干净之后，缠上防水胶带。

溢水

定期清理

造成溢水的主要原因是堆积在屋檐下或集水器中的垃圾和落叶，因此要定期清理。

第 **4** 章

房屋修理、修缮的基本

Check!

防锈润滑喷雾和硅胶喷雾的区别

润滑剂有很多种类。虽然看上去相似，但效果和用途各有不同，需要注意。很多产品从外包装上很难看出差别，因此购买的时候，一定要仔细确认。

用于自行车和门扇的保养。

**防锈润滑喷雾
（油脂喷雾）**

含有溶剂，不仅具有很高的渗透性，还能预防金属生锈。它可以用来松动拧紧无法扭动的螺丝，也可以用来保养自行车的链条。

让轨道更加顺滑。

硅胶喷雾

不含溶剂，会在物体表面形成一层含有润滑成分的皮膜。可以用于塑料和木材，让抽屉、壁橱门更加顺滑。

灯具

换灯具

顺利、安全地更换

重点

- 吸顶灯必须连带着配件一起更换
- 切断电源后，再拆下灯泡或荧光灯管
- 更换开关面板时，可选择自己喜欢的花纹

吸顶灯

小建议

更换 LED 吸顶灯时，必须连带着适配器和连接头一起更换。注意切断电源，按照说明书进行更换。

1 安装新灯具
将旧灯具拆下来，安装新的适配器和灯具。

2 安装连接头
安装连接头。向里按压，直至听到"啪塔"的声音。

3 装上外壳
装上外壳，并确认是否有倾斜。

荧光灯管、灯泡

荧光灯管

切断电源，逐个拔下灯管的插头，将它从灯槽里拆下来。将新荧光灯管的一个插头插进去之后，再将另一个插进去。

灯泡

切断电源，将灯泡扭下来。顺着和拆下来时相反的方向，安装新灯泡。

开关面板

 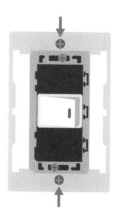

1 将开关面板拆下来
插入一字螺丝刀，将面板拆下来。

2 将承受板拆下来
用十字螺丝刀取下上下两颗螺丝，然后将承受板拆下来。

3 装上新的开关面板
用螺丝固定新的承受板，然后盖上面板。

小建议

开关面板可以在网上或家居中心购买。现在的面板款式多样，大家可以选择自己喜欢的花纹或与家里风格统一的面板。

使用工具

· 开关面板
· 螺丝刀

Check!

荧光灯管和灯泡的种类以及特征

	优点		缺点	
白炽灯	·便宜 ·瞬间照亮 ·照明面积大		·易发热 ·耗电大 ·使用寿命短（1000 小时左右）	
荧光灯	·耗电是白炽灯的 1/6 ·寿命是白炽灯的 5~10 倍		·比白炽灯贵 ·需要一点时间才能亮起来	
LED灯	·耗电是白炽灯的 1/5 ·寿命是白炽灯的 20 倍以上		·贵	

荧光灯管

LED 灯泡

浴室

花洒、接缝等

在家里也可以轻松修理

重点

- 花洒可以轻松更换
- 瓷砖接缝的划痕应尽早处理
- 擦去多出来的接缝材料

花洒堵塞

使用工具
- 螺丝刀
- 牙刷
- 柠檬酸
- 针

1 将面盖拆下来
整体逆时针旋转，拆下花洒的面盖（带孔的面板）。如果中间有螺丝，就用一字螺丝刀将它拧下来。

2 将面盖刷干净
用牙刷蘸取少许柠檬酸，从面盖的背面开始，将水垢刷掉。如果孔眼堵住了，就用针等工具疏通。

更换花洒

1 将旧花洒拧下来
双手拿着软管和花洒，然后逆时针旋转，将花洒拧下来。为防手滑，可以戴上橡胶手套。

2 安装新花洒
旋转软管上的金属零件，将新花洒装上去。如有需要，可以安装适配器。

Check!

不同功能的淋浴花洒

淋浴花洒不仅设计各异，功能也很多样。选择适合自己的花洒。

低水压、节水功能
在设计上减少了花洒孔的数量，减少水量的同时，增强了水流的冲力。有些还具有暂停功能。

除氯功能
种类很多，有的带滤芯，有的注入了维生素 C，有的利用远红外线增强水的活性。

美容功能
有些花洒还具备按摩、雾化、微气泡功能等，可以发挥美容效果。

更换密封胶

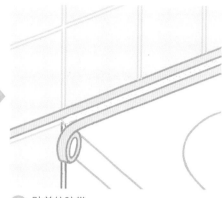

1 剥下磨损的密封胶
用美工刀在密封胶的两端切个口，然后将它剥下来。

2 贴美纹胶带
在两侧贴美纹胶带，预留出涂填充剂的缝隙。

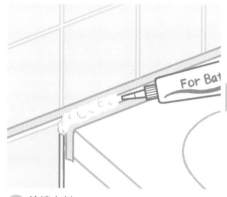

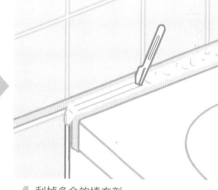

3 涂填充剂
将硅胶填充剂填入预留的缝隙中，多涂一点，使其溢出来。

4 刮掉多余的填充剂
用刮铲按压填充剂，并将多余的部分刮掉。然后撕掉美纹胶带，静置 24 小时左右，使其充分凝固。

使用工具
- 刮铲
- 美工刀
- 硅胶填充剂
- 美纹胶带

修补瓷砖缝

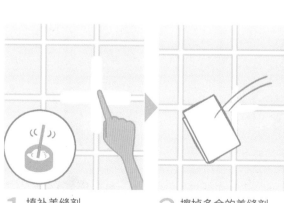

1 填补美缝剂
在美缝剂中加水搅拌，使其慢慢变软。用刮铲刮取少许，延展开来，并用手指弄平整。

2 擦掉多余的美缝剂
沾在瓷砖上的美缝剂放置一段时间后，用湿抹布擦掉即可。

使用工具
- 美缝剂
- 刮铲
- 抹布

小建议
瓷砖缝上的污垢也可以用修复笔涂白，非常方便。

洗漱间

洗脸台、水龙头

临时性地处理水的问题

洗脸台开裂

重点

使用工具
- 陶瓷修补剂
- 水性颜料
- 砂纸
- 刮铲
- 海绵擦
- 抹布

● 如果自己更换有难度，就委托专业公司

● 修理水龙头时，关上止水阀

● 及时处理，防止损害变大

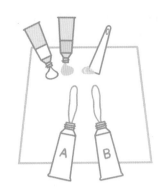

1 去除洗脸台内的污垢
修补前，先用海绵擦将洗脸台内的污垢擦掉，然后用抹布擦干水渍。

2 挤出陶瓷修补剂
挤出等量的陶瓷修补剂 A 和 B 到调色板上，然后将水性颜料挤入 A 中调色，最后和 B 混合。

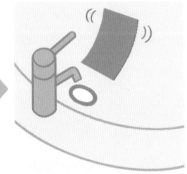

3 涂在开裂部位
用刮铲刮取修补剂，堆在开裂部位的上面，然后快速涂抹均匀。静置 3~4 小时，使其凝固。

4 用砂纸打磨
用粗砂纸将凹凸磨平，最后再用细砂纸打磨一下。

小妙招 👍

用真空式管道清洁器解决排水管问题

将真空式管道清洁器的橡胶杯对准排水口，推拉手柄。这样就可以疏通堵塞了。排水管深处的堵塞，可以尝试使用带钢丝的管道清洁器。

相对比较便宜，也可以用在洗漱间以外的地方。

推拉手柄疏通堵塞的原理。

修理前一定要关闭止水阀

开始修理前，先关闭止水阀。如果找不到止水阀，就先关闭总阀。除此之外，也不要忘了关闭排水口，以免一些细小的零部件被冲走。

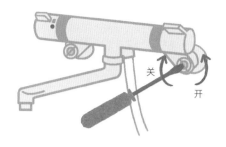

关

开

小建议

如果不关闭止水阀，水就会溢出来。为了保险起见，把止水阀和总阀都关了。

水龙头漏水

第 **4** 章

房屋修理、修缮的基本

旋钮下方漏水

1 将旋钮拔下来
关闭止水阀，用钳子拧下螺丝，将旋钮向上拔起。

2 更换三角垫圈
将压盖拧松，从阀芯上拔下来。然后将旧垫圈取下，换上新垫圈，最后将所有零部件恢复原位。

三角（上部）垫圈
防止压盖处漏水。

水龙头漏水

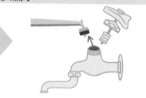

1 拆下水龙头上部
先关闭止水阀，用钳子等旋转压盖，然后连同阀芯一起拆下来。

2 更换密封垫圈
用镊子将旧密封垫圈取下，换上新的。然后将所有零部件恢复原位。

密封垫圈
水滴答滴答地从水龙头里滴下来，是密封垫圈磨损或损坏导致的。

出水口根部漏水

1 拆掉出水口
拧松出水口的螺帽，将出水口拔下来。

2 更换 U 字垫圈
将 U 字垫圈和密封圈取下，换上新的 U 字垫圈和密封圈。然后将所有零部件恢复原位。

U 字垫圈
U 字垫圈和密封圈是成套出售的。

使用工具

- 垫圈
- 钳子
- 镊子

找到问题的根源

马桶的冲水问题

● 了解冲水原理以及水箱内的结构
● 定期检查零部件是否老化
● 修理时关闭止水阀

抽水马桶水箱的结构

推一下把手，或按一下冲水按钮，冲水阀就会上升，
蓄积在水箱中的水便会流入马桶。
先了解抽水马桶的工作原理之后，再进行修理修缮工作。

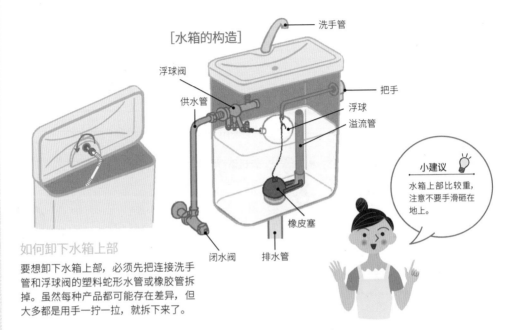

[水箱的构造]

洗手管
浮球阀
供水管
把手
浮球
溢流管
橡皮塞
闭水阀
排水管

小建议
水箱上部比较重，注意不要手滑砸在地上。

如何卸下水箱上部

要想卸下水箱上部，必须先把连接洗手管和浮球阀的塑料蛇形水管或橡胶管拆掉。虽然每种产品都可能存在差异，但大多都是用手一拧一拉，就拆下来了。

检查水箱

一直流水

橡皮塞老化

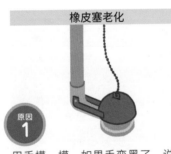

原因 1

用手摸一摸，如果手变黑了，说明橡皮塞已经老化了。注意放掉水箱内的水，更换新的橡皮塞。

浮球异常

原因 2

先确认浮球的状况，如果位置发生了偏移，就把它放回中央。如果发生了破损等情况，就更换新的。

浮球阀异常

原因 3

更换浮球阀活塞阀上的垫圈。如果还是不行，就把整个浮球阀换了。

水冲不下去

链子异常

原因 1

连在浮球上的链子如果发生了偏移或断了，水就会冲不下去。如果着急使用，可以用鱼线等代替。

浮球异常

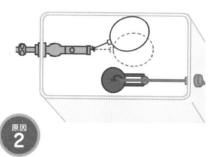

原因 2

如果浮球卡在水箱壁上，或僵住不动了，就试着用手把它按下去。

马桶堵塞

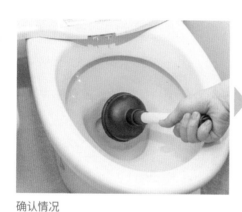

确认情况

水冲下来之后，水位升高，之后缓慢下降。如果出现这种情况，说明马桶堵住了。应尽快用皮搋子处理。

用皮搋子吸

将皮搋子对准马桶口，用力按压下去，然后再快速提起来，多试几次。

水退下去就说明不堵了

如果不堵塞了，水就会快速退下去。如果不退，就用水桶一点一点往里倒水，确认情况。

使用工具
• 皮搋子

小建议

玩具、手机、圆珠笔等被冲下去之后，尤其需要注意。如果吸不上来，就委托专业的公司吧！

191

智能马桶的其他问题

可以通过打扫解决故障

重点

● 仔细阅读使用说明书
● 平时认真做好清洁工作
● 如果是操作面板发生了故障，就委托专业公司

发热座圈功能的问题

座圈温度低或不发热

原因和处理方法

● 重插一遍插头。如果接触良好，却还是不暖和的话，可能是插座老化了。更换老化的部分或发热座圈。

● 确认是不是温度设定得太低了，或设置成了节电模式。

● 如果有污垢，马桶可能会误认为有人坐在上面，从而温度升高，触动加热器的安全装置。因此，要及时擦去落座传感器上的污垢。

小建议
如果找不到原因，就确认一下产品的使用说明书，或者咨询厂家。

冲洗功能的问题

不出温水

原因和处理方法

● 将插头拔了再插回去，改善接触。

● 确保闭水阀是打开的。

● 如果设置了自动关闭电源，就解除该设置。

● 保养喷嘴。喷嘴可能会堵塞，要定期用前端尖细的刷子将其清理干净。

水压不强

原因和处理方法

● 确认冲水时的水压级别。

● 保养喷嘴。喷嘴可能会堵塞，建议用前端尖细的刷子将其清理干净。

▼喷嘴的护理方法
参考 P41

遥控器的问题

停止运行

原因和处理方法

● 确认电源灯是否亮着，插头有没有拔掉，也有可能是因为遥控器没电了。如果是这种情况，就将遥控器从架子上拿下来，更换电池。马桶的侧边有一个简易的操作面板，可以暂时用这个。

● 将遥控器发射信号（接收信号）的部位的污垢擦去。

确认遥控器上发射信号的部位、马桶上接收信号的部位有没有被布盖住。

第 **5** 章

烹饪的基本

Cooking

厨具

开始烹饪前，必须准备好厨具。可以先准备最基本的工具，
然后根据自己的实际需要慢慢添加。厨具的尺寸建议根据家庭人数来选择。

基本的厨具

切菜、炒菜时，至少需要用到菜刀、砧板、平底锅和汤锅。可以根据人数和烹饪的量来选择尺寸合适的厨具。

带锅盖的更方便。

建议准备一大一小两个锅。

建议使用塑料砧板。

建议使用硅胶铲，比较方便。

直径 22~24cm 的平底锅

1~3 人份，直径 22~24cm 的平底锅就完全够用。经过含氟树脂加工的平底锅既轻巧，又容易保养，适合厨房新手。

汤锅

直径 15cm 的单柄汤锅适合热牛奶或煮汤；直径超过 20cm，且有深度的锅则适合炖菜或者煮面等。

菜刀、砧板

根据灶台的大小选择砧板的尺寸。对于新手而言，塑料砧板比较容易上手。菜刀只需要准备 1 把万能菜刀，就可以处理所有食材。

锅铲、大汤勺等

除了长筷子之外，还要准备 1 把锅铲、1 个大汤勺、1 把刮刀，方便搅拌、盛舀食物。

家庭用的一般为 3L。

购买天然气灶、煤气灶时，要提前确认好尺寸和放置的位置。

一人食会用到的餐具。

抹布、海绵擦必须经常更换。

电饭锅

除了容量之外，加热方式、功能也多种多样。根据自己的生活方式选择合适的即可。市售的电饭锅大都会标明适合几个人使用。

燃气灶

分为天然气灶、煤气灶和电磁炉三种。如果是电磁炉，选购厨具时要注意是否可以使用。

碗筷、刀叉等

这些基础餐具最好准备一些备用品。盘子除了平盘之外，还需准备可以盛汤的较深的容器。

抹布、洗洁精、海绵擦等

这些都是清洗餐具和烹调用具所必需的。不要用毛巾代替抹布，可以使用厨房专用的抹布。

让烹饪更方便的厨具

如果想让烹饪更轻松，就需要准备沥水篮、量杯等厨具。除此之外，还需要保鲜膜、保鲜盒等来保存食材。

可以根据菜品的种类和数量，选择不同的锅。

平底锅、汤锅

可以煎鸡蛋的小平底锅、可以煮 3~4 人份面条的汤锅等，准备不同尺寸的锅具会让烹饪更加方便。另外还有适合炖煮的珐琅锅和压力锅，可以根据自己的需求准备需要的锅具。

可准备 2~3 个不同尺寸的。

不锈钢盆、沥水篮、沥油盘

备菜的时候可以使用。直径 12~28cm 的不锈钢盆和沥水篮可以多准备几个。沥油盘主要用于油炸食物时。

对烹饪初学者而言，掌握分量很重要。

量杯、量勺、厨房秤

量杯准备一个 200ml 的就可以。量勺需要大勺（15ml）和小勺（5ml）各一个，做甜品的话，最好再准备一个厨房秤。

缩短备菜时间。

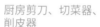

厨房剪刀、切菜器、削皮器

可以缩短备菜的时间，非常方便。专门处理菜刀不容易处理的精细工作，让不擅长烹饪的人也可以轻松上手。

也适用于厨房清洁。

保鲜膜、锡纸、厨房纸巾、保鲜袋

用于备菜和储存食材。使用微波炉烹饪时，很多时候都需要用到保鲜膜，可以多备一些。

为了避免容器变形，务必确认是否可以用微波炉加热。

密封保鲜盒、密封保鲜袋

带盖子的密封保鲜盒和带密封条的保鲜袋可以用来防止食材串味或汤汁流出。选择可以用微波炉加热以及能够放在冰箱冷冻保存的容器。

Check!

其他厨房家电

厨具和厨房家电会在不知不觉中不断增多。购买前要认真考虑收纳空间和用途等。

微波炉

种类繁多，既有单纯加热食物的款式，也有附带烤箱功能、蒸汽加热功能的款式。

烤箱

不仅可以烤吐司，还可以做焗菜等需要烤制的料理。升温很快，可以让食物的口感更加松脆。

电烧烤炉

可以烤肉或煎菜饼等，适合节假日聚餐、派对等很多人围坐在一起的场合。

调料

调料会左右菜的味道。了解常用的调料及其使用方法。
学会正确地计量，也可以让菜品的味道变得更美味。

基本的调料

白砂糖、盐、醋、酱油、味噌、食用油

给炖菜等调味的时候，按照白砂糖、盐、醋、酱油、味噌的顺序依次加入。除了这几种常用的调料之外，再准备好食用油，就可以做大多数菜了。

白砂糖

盐

醋

小建议
这些调料可以让食物更美味！

酱油

味噌

食用油

让菜品更美味的调料

让菜品的味道更丰富

要想做出浓郁的味道，光靠基本的调料是不够的，还需要用到高汤、酱汁等。另外，番茄酱和蛋黄酱不仅可以涂抹在食物上，还可以用来给菜调味。根据使用频率，选择合适的容量。

高汤精、清汤精
颗粒状的高汤精，块状的浓缩清汤等，可以帮你轻松搞定高汤。
▼高汤的煮法参考 P216

味啉、料酒
多用于炖菜，让菜肴更加浓郁鲜美。也可以用清酒代替料酒。

胡椒粉
给菜肴提味的香料。黑胡椒比白胡椒辣。

番茄酱
可以挤在蛋包饭上，也可以用来给鸡肉炒饭等调味。

蛋黄酱
除了拌沙拉，还可以用来炒菜。

酱汁
可以浇在油炸物上，也可以放在咖喱中调味。

计量的基本
正确计量可以避免失败

正确称量调料的分量是调味不失败的关键。尤其是在最开始的时候，不要嫌麻烦，养成计量的习惯吧。

量杯　1 杯 =200ml

量杯上有 ml、g 的标记。

液体	粉类

放在平坦的地方，从侧边读刻度。	轻轻摇晃，使其变平整。不要用力按压。

小建议

做甜品的时候，尤其需要精确计量。

量勺　1 大勺 =15ml　1 小勺 =5ml

有这两种规格的量勺就足够了，也可以准备带 1/2 小勺（2.5ml）的三件套。

液体		粉类	

1 勺	1/2 勺	1 勺	1/2 勺
满勺，保证其在表面张力的作用下，不外漏。	勺子下方比上方窄，盛到七分满。	多取一点，然后用筷子等将表面抹平。	取了 1 勺之后，在正中间划条横线，去除一半。

用手掂量

少许、一小撮、一小把等，就算没有量具，也可以用手掂量出来。一定要记住怎么掂量。

少许	一小撮	一小把
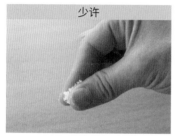		
用 2 根手指捏住的量（约 1/8 小勺）	用 3 根手指捏住的量（1/5~1/4 小勺）	用手轻轻握住的量（约 2 大勺）

厨具、调料

区分使用，做菜更快

菜刀等刀具

菜刀

基本的使用方法

菜刀几乎每天都会使用。掌握正确的握法和切法，可以让菜品更加美味好看。身体的姿势也很重要。

 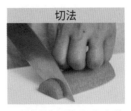 

握法｜切法｜站姿

一般是用拇指和食指紧紧握住根部，其余3根手指握住刀柄（上图）。做精细活的时候，可以将食指搭在刀背上（下图）。

切的时候，不是从上往下按，而是把菜刀向身前划，同时向下按，前后来回推动。切肉的时候要把菜刀往身前划，而切蔬菜时，则要向外侧按压。

右脚自然地往后退一步，和操作台拉开一点距离。让操作台、左手和右手刚好形成一个三角形，并且切的时候要让刀刃和食材呈直角关系。

有了会方便很多的菜刀

虽然只要有切肉和蔬菜的菜刀就足够了，但如果家里备有削果皮、切面包等专用的菜刀，食材处理起来会更加轻松。

万能菜刀
适用于所有食材的菜刀，用途多样。对于初学者而言，有这样一把菜刀就足够了。

水果刀
适合削皮、雕花等精细活的小菜刀。

面包刀
刀刃呈锯齿形，可以将松软的面包或蛋糕切得很干净。

基本的保养方法

做好保养工作可以延长菜刀的使用寿命。用过之后，立即洗干净，擦干水渍后再收起来。如果感觉刀刃变钝了，磨一下后再使用。

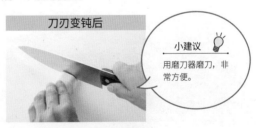

用过之后｜刀刃变钝后

用洗干净的抹布擦拭。

小建议：用磨刀器磨刀，非常方便。

菜刀用过之后，就用洗洁精洗一遍，冲洗干净之后，用干抹布擦干。为了防止生锈，一定要等它完全干燥后再收起来。

刀刃容易变钝，必须经常研磨。用磨刀石需要一个习惯的过程，在家里可以使用磨刀器等，来回推动5~10次左右即可。

重点
- 使用菜刀时要掌握正确的握法和站姿
- 精细活可以使用厨房剪刀
- 保养之后再收起来

基本的使用方法

菜刀难以处理或无法处理时，可以用厨房剪刀来剪。用法和普通剪刀一样，不太会用菜刀的人可以用厨房剪刀来代替菜刀。

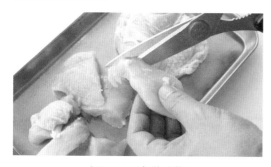

< 还可以用来做这些 >

处理鱼贝类等。

剪碎海苔、小葱等。

基本的保养方法

使用完之后

尽量把剪刀打开，以便擦拭重叠的部分。

如果剪食材的时候沾上了污垢，就用洗洁精清洗一下。冲洗干净之后，再用干抹布擦干。

生锈、变钝后

如果是因为螺丝附近沾上了食材导致剪刀生锈变钝，就用牙刷蘸取少许去污粉，将其刷掉。用水清洗过后，记得一定要擦干。

基本的使用方法

适合用来给土豆、胡萝卜等削皮。握紧手柄，将刀刃沿着食材表面，从上往下滑。习惯之前，可以将食材放在砧板上削皮。

< 还可以用来做这些 >

将牛蒡削片。

可以用突出部位去除土豆上的芽。

削皮器的种类

T 型

最常见的类型。从削皮到削片，用途广泛，使用方便。建议选择容易握住的类型。

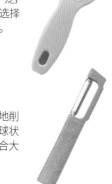

I 型

像拿着小刀一样地削皮。专门用来给球状食材削皮，不适合大食材。

基本的保养方法

用牙签等将夹在刀刃之间的食材挑出来，然后用洗洁精清洗，冲干净之后擦干，再收纳起来。

厨具、调料

食材的切法

熟记切法，让烹饪更轻松

重点

蔬菜的切法影响最终的成品

处理起来麻烦的食材就交给微波炉

多做一步，味道更佳

蔬菜的基本切法

掌握蔬菜的各种切法。它不仅关系到外观，还会影响火候、口感以及入味程度。学会后，做菜会变得更简单。

切丝

从一端开始将食材切成长约5cm、宽约5mm的细丝。切卷心菜时，要顺着纤维切。

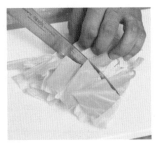

切块

将卷心菜、白菜等切成约4cm见方的大块。

切滚刀块

将棒状的蔬菜平行于身体横放在砧板上，斜着切块。大小要保持统一。

削片

主要用于牛蒡等细长形的蔬菜。转动着蔬菜，用菜刀将其削成薄片。

切末

将蔬菜切成碎末的切法。先将蔬菜切成细丝，然后再进一步切成细末。

切丁

切成1cm见方的骰子的形状。"切丁"是指切成指定大小的立方体。

小妙招 👍

把处理起来麻烦的食材交给微波炉

南瓜皮很硬，切不动。芋头皮剥起来很麻烦。但是将它们放入微波炉加热一下后，你就会惊讶地发现南瓜变得很好切了，芋头皮也一剥就没了，真是又省时又省力。

南瓜

用保鲜膜包裹住，放入微波炉加热后，南瓜就会变软，变得容易切。

芋头

将芋头洗净后放入耐热容器，盖上保鲜膜后，放入微波炉加热。皮会变得非常顺滑好剥。

切成长片

切成长约5cm、宽约1cm的长方形，厚度保持在2mm左右。

切成扇形

切成像扇子一样的形状。先将圆柱形的蔬菜竖向对半切开，再分别对切一次，切成四等份，然后从一端开始切片，切的时候要保持一定的厚度。

切成圆片

这种切法适用于黄瓜、胡萝卜等圆柱形的蔬菜。从一端开始切，切的时候要保持一定的厚度。

切成瓣

将洋葱、西红柿等球形蔬菜竖着对半切开，然后由外向内切成瓣状。

切条

切成像长方体一样的形状，长约5cm、宽约1cm，厚度要比长片厚一点。

切成小片

从一端开始将大葱、秋葵等细长的蔬菜切成一定厚度的小片。

有点麻烦却很实用的切法

在处理蔬菜或肉的时候，多做一步，就可以让外形和味道都有所不同。虽然有点麻烦，但方法非常实用。

磨圆

将萝卜、南瓜切成片之后，用菜刀将上面的棱角都抹平、磨圆。这么做可以防止食物在煮的过程中变软变烂。

划几刀

在切成圆片的萝卜背面划一个十字，深度控制在萝卜片的1/3~1/2之间。经过这样的处理后，食物煮出来会更加入味。

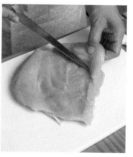

从中间切开

在中央竖着划一刀，然后向左右两边削去，注意不要把肉切下来。这种处理可以均衡鸡肉的厚度。

切断筋膜

用菜刀尖在里脊肉的红肉和肥肉之间划几道，切断筋膜。这样可以防止里脊肉受热后发生卷缩。

第**5**章

烹饪的基本

挑选、储存食材的诀窍

蔬菜、水果

聪明地购买，正确地储存

重点

- 色泽鲜亮、有弹性的蔬菜比较新鲜
- 用保鲜膜、报纸、塑料袋储存
- 尽量趁新鲜吃掉

冷藏储存的蔬菜

绿叶类
菠菜、青梗菜、小松菜等

●挑选方法
选择叶子颜色鲜亮、没有发生变色且水润清脆的，或茎、根十分扎实的。

●储存方法
用湿润的报纸或纸巾将蔬菜包裹起来，放入保鲜袋，竖着储存。容易变质，最好 2~3 天内吃完。

结球类
卷心菜、圆生菜、白菜等

●挑选方法
选择叶子光亮清脆、根蒂切口是白色、没有变色的。卷心菜和白菜要选择分量重、叶片包裹结实的。而圆生菜则要选择叶片包裹松软的。

●储存方法
储存圆生菜时，要用保鲜膜包裹住或放在保鲜袋中。用刀切会造成损坏，建议使用时要由外向内一层一层地剥开。储存卷心菜时，要把芯挖掉，然后将浸湿的厨房纸塞进去。

茄果类
黄瓜、茄子、西红柿等

●挑选方法
选择分量重、整体色泽鲜亮清脆、根蒂挺立的。青椒要选择肉厚的。

●储存方法
用保鲜膜包裹住或放在保鲜袋中。黄瓜要根蒂朝上竖着储存。黄瓜和茄子应尽量在 2~3 天内吃完，西红柿熟透之后，应尽早吃完。

菌菇类

香菇、金针菇、蟹味菇等要选择菌盖边缘弯曲向里、有弹性且菌柄笔直的。用保鲜膜包裹住储存。

豆类

豌豆、荷兰豆角和扁豆等要选择豆子小、豆荚有弹性且呈鲜绿色的。放在保鲜袋中储存。

花椰菜类

西蓝花、花椰菜要选择花蕾饱满紧实的，避免已经变色的。放在保鲜袋中储存。

根茎类

胡萝卜、萝卜、牛蒡、莲藕等

●挑选方法

根蒂切口处如果没有发黑，证明是新鲜的。切口直径越小，胡萝卜就越软越好吃。

●储存方法

用报纸等包裹住，竖着储存在阴冷的地方。储存前，必须把胡萝卜表面的水分擦干，把萝卜的叶子都摘掉。如果用刀切过，则要用保鲜膜包裹住放入冷藏室。春天和秋天的胡萝卜也要放入保鲜袋，储存在冷藏室中。

小建议

用刀切过的蔬菜，切门容易干燥变色。可以用保鲜膜包裹住。

薯类

土豆、红薯、芋头等

●挑选方法

选择表皮鲜嫩、没有根须的。避免叶子变色的以及切口部分已经干燥的。

●储存方法

包裹在报纸或纸袋中，放在通风良好的阴凉处储存。夏天的时候，土豆要用报纸包裹住放入保鲜袋，储存在冷藏室。芋头要洗干净擦干后，用报纸包裹住放入冷藏室。

小建议

也可以使用常温储存专用的蔬菜保鲜盒。红薯在5℃以下的环境中会被冻伤，不要将它储存在冰箱的冷藏室。

第5章 烹饪的基本

储存带泥土的蔬菜的 小妙招

不要放任不管，处理完后储存起来

经常会发现新买的蔬菜中还带着泥土，其实，这是为了保持蔬菜的新鲜。但是买回家后，如果不做任何处理，就这样放在那里储存，蔬菜就会变干或腐坏。

用报纸包裹住储存

连带着泥一起包裹在报纸中，然后竖着储存在阴冷处。可以储存1周左右。

洗干净后储存

抖掉泥土，用清水洗干净之后充分干燥。然后用保鲜膜包裹住或装入保鲜袋，储存在冷藏室。可以储存2~3天。

蔬菜的烹饪方法

水煮蔬菜时，有些需要放在冷水中煮，有些则需要放在热水中煮。
对于初学者而言，炒菜是比较容易挑战的。只要掌握好窍门，就可以做出美味的菜肴。

需要放在冷水中煮的蔬菜

根茎类蔬菜

这类蔬菜比较硬，煮熟需要花费一定的时间，
要在冷水的时候放入慢慢煮。

需要放在热水中煮的蔬菜

叶类蔬菜

这类蔬菜煮的时间太长，会变色，影响口感，
甚至破坏营养元素。可以在水煮沸后放入蔬菜，
然后快速捞起。

怎么炒才好吃

充分擦干。

切成相同的大小。

●充分擦干

充分擦干，以防蔬菜
出水，变得黏腻。

●先放不易煮熟的食材

为了让每种食材都软
硬适中，建议先放不
易煮熟的食材。

●统一大小

为了熟得更快，更容
易入口，请将蔬菜切
成相同的大小。

●使用大号的平底锅

要想用大火快速炒熟，
可以使用温度不容易
降低的大号平底锅。

和肉一起怎么炒

也可以根据自己
的喜好，加入酱
油、料酒等。

1 先炒肉
将肉切成适口大小，用盐
和胡椒粉腌制一下。冷油入锅，
开大火烧热之后，将腌好的肉
（猪肉等）倒入翻炒。

**2 放入难熟的胡萝卜和洋葱
翻炒**
放入切成合适大小的胡萝卜、
洋葱等食材，继续翻炒。

3 放入剩下的蔬菜翻炒
将容易熟的青椒、卷心菜
等倒入翻炒。加入盐、黑胡椒
粉等调味，等所有食材都炒熟
之后，关火。

水果的挑选方法和储存方法

苹果

●挑选方法
苹果通常为红色。建议选择沉甸甸的、散发着清香的苹果。苹果蒂已经干枯的不要选。

●储存方法
放入保鲜袋，封口后放入冰箱冷藏室储存。天气冷的时候，可以放在纸箱里，或用报纸包裹住，储存在阴凉的地方。

系紧保鲜袋。
保鲜袋

香蕉

●挑选方法
选择通体都是黄色的。绿色的香蕉需要放在家里催熟。表皮带有黑色斑点的香蕉应尽早吃掉。

●储存方法
基本是常温保存。也可以使用香蕉架等，但要注意防止香蕉熟过头。已经熟透的香蕉要用保鲜袋包裹住放入冷藏室。也可以用报纸包裹住，储存在阴凉的地方。

买回来后先常温储存。
香蕉架

葡萄

●挑选方法
选择颜色深、表面富有弹性且裹着"果粉（白霜）"的葡萄。而且枝条要粗壮新鲜。有葡萄掉下来的，或葡萄和葡萄之间有缝隙的，不要选。

●储存方法
将葡萄从枝条上剪下来，一颗一颗地装入保鲜袋，放在冷藏室储存。如果葡萄比较小，可以用保鲜膜一串一串地包裹住。吃之前洗干净。

剪下来时留 2mm 左右的枝条。
保鲜袋

第 **5** 章

烹饪的基本

冷冻保存的 小妙招

趁新鲜急速冷冻，制成冰冻果子露

香蕉、葡萄等一次性吃不完的时候，建议趁它们新鲜时，放入冷冻室冷冻。冻完后，口感就像冰冻果子露一样，十分适合做夏天的甜点。冰冻之前，先剥皮或切段，处理过后再放入保鲜袋或带拉链的密封袋。如果想要加速冰冻，可以在保鲜袋或密封袋下面垫一个金属托盘，再放入冷冻室。如果想马上吃，只需要在金属托盘上铺一层保鲜膜，再将保鲜袋或密封袋放上去即可。

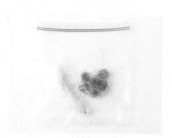
葡萄冰冻后，皮很容易剥下来。
香蕉可以一根一根地用保鲜膜裹住。

挑选、储存食材的诀窍

肉类

掌握挑选优质肉的方法

重点

● 用保鲜膜包裹住，放入密封袋冷冻

● 不要选择水分过多的肉

● 挑选颜色鲜艳、脂肪呈白色的肉

挑选方法

牛肉

牛颈肉　肩胛里脊肉　肋骨里脊肉　牛腰肉　臀肉　菲力　五花肉　腿肉　前胸肉　腱子肉　腱子肉

建议选择鲜红色且纹理细腻、脂肪含量少，脂肪颜色呈白色或乳白色的肉。发黑的瘦肉、脂肪变色的肉以及干巴巴的肉，都不要选。

●用于这些菜
牛腰肉：牛排等
肋骨里脊肉、肩里脊肉：寿喜烧等
腿肉、菲力：牛排、烤肉
腱子肉、牛颈肉：炖牛肉

猪肉

肩里脊肉　里脊肉　后腿肉　肋排　前腿肉　五花肉

瘦肉要选择呈粉红色且光泽有弹力的。肥肉要选择白色或乳白色且和瘦肉界限分明的。变色的肉以及干巴巴的肉不要选。

●用于这些菜
里脊肉、肋排：炸猪排、煎炒猪肉等
肩里脊肉：生姜炒肉片等
腿肉：烤猪肉、咖喱等
五花肉：炒菜、烤肉、炖肉等

鸡肉

翅尖　翅根　鸡胸肉　鸡腿肉

选择粉色、具有光泽的肉，或又厚又紧实的肉。如果有鸡皮，要选择毛孔周围鼓起来的。有肉汁溢出来的不要选。

●用于这些菜
鸡腿肉：炸鸡块、炖菜等
鸡胸肉：鸡肉盖浇饭、蒸鸡块、沙拉、拌菜等
翅尖、翅根：汤、咖喱鸡翅等

肉末

选择整体颜色均衡、有光泽的。泛黑或有肉汁的不要选。

●用于这些菜
牛肉末：干咖喱等
牛肉猪肉末：汉堡肉、肉酱等
猪肉末：麻婆豆腐等
鸡肉末：肉松

Check!

一定要确认包装上的标签

包装的标签上通常会标明原产地。一般认为，产地是指饲养时间最久的地方。如果是国内饲养的，标签上就会标出具体产地。如果是进口的,就会标出原产国。除此之外，标签上还会标明重量、生产日期、储存温度等,选择的时候,可以参考这些信息。

肉排、肉片

用保鲜膜包裹，注意不要混入空气。

保鲜膜　锡纸

●储存方法
冷藏：用保鲜膜将厚切肉一块一块地包裹起来，放入密封袋。肉片的话，1 张保鲜膜包裹 3~4 片，再放入密封袋。1~2 天内吃完。
冷冻：处理方法和冷藏一样。能储存 2 周左右。可以腌制好后再冷冻。在包裹厚切肉的保鲜膜外再包一层锡纸，可以防止氧化。

肉末

使用时，沿着沟痕将肉掰断即可。

密封袋

●储存方法
冷藏：容易变质，建议在购买当天烹调。冷藏只是暂时性的处理。
冷冻：装入冷冻用的密封袋，排出空气，使其变得扁平。可以分装成 1 次的用量后再冷冻，也可以用筷子划两道沟后再冷冻。可以储存 2 周左右。

火腿、香肠

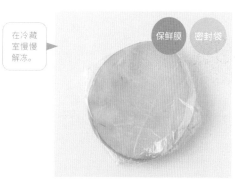

在冷藏室慢慢解冻。

保鲜膜　密封袋

●储存方法
冷藏：开封后，用保鲜膜包裹住，放入密封袋。2~3 天内吃完。
冷冻：分装成 1 次食用的量，然后用保鲜膜包裹住，装入冷冻用的密封袋，放入冷冻室。香肠可以斜着切片后冷冻。3 周内吃完。

▼冷冻储存的诀窍参考 P212

第 **5** 章　烹饪的基本

煎烤的
小妙招

注意火候，不要煎焦了

将油倒入平底锅，轻轻晃动使其分布均匀。油热后放入肉。注意温度过高会导致肉烧焦。可以先用中火煎，直至肉表面带有焦黄色。然后转成小火，煎至肉完全熟透。如果不小心煎焦了，就先把肉拿出来，将焦的部分去除后，再放回去继续煎。

鱼类、贝类

需要有鉴别新鲜度的眼力

重点

● 处理完之后再冷冻储存

● 完全去除水分之后再储存

● 选择丰满有弹性的

整条鱼
从头到尾一整条

●挑选方法
选择眼睛清澈、眼珠凸出，肉厚且富有弹性和光泽的。

●储存方法
冷藏：去掉鱼头和内脏，清洗干净之后擦干水。每1条都用吸水纸等包裹住，放入密封袋或用保鲜膜包裹起来。1~2天内吃完。
冷冻：处理完后，擦干水，用保鲜膜包裹住，装入冷冻用的密封袋内。可以储存2周左右。

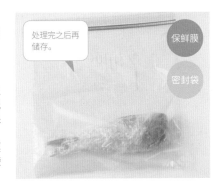
处理完之后再储存。
保鲜膜
密封袋

鱼块
切成1人份大小的鱼肉

●挑选方法
选择鱼皮纹路清晰、血合明显、肉较多的。托盘中有汁水的鱼不要选。

●储存方法
冷藏：撒盐，擦干水，每1块都用吸水纸等包裹住，放入密封袋或保鲜膜。1~2天内吃完。
冷冻：用盐和料酒腌制片刻后，擦干水，用保鲜膜包裹住，装入冷冻用的密封袋内。可以储存2周左右。

也可以烤过之后再冷冻。
保鲜膜
密封袋

生鱼片
生吃的鱼

●挑选方法
选择形状规整的。如果是金枪鱼等红肉鱼，选择颜色鲜艳通透的。如果是银白色的鱼，则选择具有透明感的。

●储存方法
冷藏：如果是整块鱼，就用保鲜膜包裹住储存在冷藏室中，2~3天内吃完。如果已经切片，请当天吃完。红肉鱼用酱油和料酒腌制后，可以放到第2天。
冷冻：不能冷冻。

酱汁：料酒、酱油、味淋以3:2:1的比例混合。
腌制

鱼干
切开晒干的鱼

●挑选方法
选择圆形肉厚、腹部有白色猪油状脂肪的。偏黑色的、色泽差的不要选。

●储存方法
冷藏：容易变质，建议当天食用或冷冻储存。
冷冻：一块一块地用保鲜膜包裹住，然后在保鲜膜外面裹一层锡纸。可储存1个月左右。

可以不解冻，直接烤。
保鲜膜
锡纸

虾、墨鱼

●挑选方法

虾要选择头和外壳完整的。墨鱼要选择肉质丰厚且富有弹性的。如果要冷藏，不要选择包装中有汁水的。

●储存方法

冷藏：处理完后，擦干水。然后用保鲜膜包裹住，装入密封袋。

冷冻：需要冷冻的就装入冷冻专用的密封袋。生虾或墨鱼处理完后，擦干水，摆放到铺着保鲜膜的托盘中，摆放时每只虾或墨鱼之间要隔开一点距离。然后用保鲜膜将其包裹起来，放入冷冻室。冻住后，转移至冷冻专用的密封袋。可以储存 2 周左右。

烹调时不需要解冻。

保鲜膜

密封袋

贝类

●挑选方法

选择闭口的，或者一碰就闭口的。外壳光亮的比较新鲜。

●储存方法

冷藏：吐完沙后连带容器一起装入密封袋。储存时稍微留一点缝隙，以便呼吸。

冷冻：吐完沙后用纸巾包裹住，再在外面裹一层保鲜膜，然后装入冷冻专用的密封袋。可以储存 2 周左右。烹调时不需要解冻。

吐完沙后再储存。

保鲜膜

密封袋

鳕鱼子、明太子

●挑选方法

选择形状规整丰厚、皮没有破裂的。有很多都使用了色素等添加剂，所以挑选的时候一定要确认原材料。

●储存方法

冷藏：一根一根地用保鲜膜包裹住。

冷冻：一根一根地用保鲜膜包裹住，装入冷冻专用的密封袋内。也可以做成泥状后储存。放在冷藏室解冻。可以储存 1 个月左右。

一根一根地用保鲜膜包裹住。

保鲜膜

密封袋

▼冷冻储存的诀窍参考 P212

煎烤的
小妙招

注意摆放，使受热均匀

烤箱中火力最大的位置是里面和中间。尽量将鱼放里面一点烤，或将肉比较厚的部分错开摆放在中央。鱼尾容易烤焦，将它摆在靠近外侧的位置。

如果使用厨房吸油纸或烤鱼专用的锡纸，也可以用平底锅来煎。

挑选、储存食材的诀窍

豆腐、鸡蛋和大米等

放心、安全也是购买时的考量标准

重点

● 仔细确认包装上的标签

● 大米和干面要避开高温多湿的地方储存

● 日式点心和蛋糕也可以冷冻储存

豆腐

●挑选方法

选择生产日期最新的。尽可能选择使用国产或非转基因大豆制作的豆腐、没有使用消泡剂等添加剂的豆腐。

●储存方法

开封后放入密封容器，加水至盖住豆腐，然后盖上盖子放在冷藏室储存。可以储存 2~3 天。

每天都要换水。

密封容器

鸡蛋

●挑选方法

选择蛋壳没有裂痕的。有些包装上没有保质期，而是产蛋日期、采蛋日期和包装日期。不管是哪种，都要选择日期最新的。

●储存方法

建议储存在温度变化小的冰箱深处。门搁架上的温度容易上升，而且震动时也容易造成蛋壳碎裂。

尖的一面放在下面。

冰箱深处

大米

●挑选方法

选择自己喜欢的品种、品牌或价格即可。碎米粒多的或没有透明感的大米不要选。如果还是不知道该买哪种，就咨询专卖店吧。

●储存方法

装入储存用的容器，避开高温多湿的地方，储存在通风良好的阴凉处或冷藏室。放在塑料瓶中的话，可以储存在冷藏室中。冬天 2~3 个月内吃完，夏天 2~3 周内吃完。

避开高温多湿的地方储存。

储存容器

利用余热做出松软蓬松的鸡蛋

炒蛋的做法

❶ 将鸡蛋打碎，用长筷子等搅拌，使空气混入其中。

❷ 在平底锅中倒入油或放入黄油，开火加热，然后将蛋液一次性倒入。

❸ 一边注意火候，一边用长筷子或橡胶铲大幅度地搅拌。等鸡蛋呈半熟状时，关火，利用余热将其炒熟。

切片面包

容易干燥发霉，
建议冷冻储存。

●储存方法

如果在保质期内吃不完，买回家之后应立即放在冷冻室储存。每一片都用保鲜膜包裹住，然后装入密封袋储存。食用时，直接烤，不需要解冻，口感和新鲜出炉的面包差不多。可以储存 3~4 周。

每一片都用保鲜膜包裹住。

保鲜膜

密封袋

面条

干面常温储存。
煮好的可以冷冻储存。

●储存方法

开封后，放入密闭的容器或袋子中，避开高温多湿的地方储存。煮熟的面要沥干水分，按照 1 餐的量装入冷冻专用的密封袋或用保鲜膜包裹住冷冻。意大利面煮好后用油拌一下，面就不会坨在一起，做的时候也会比较方便。

放在可密闭的容器或袋子中储存。

密闭容器

密封袋

大福、海绵蛋糕

不能马上吃完时，
建议冷冻储存。

●储存方法

每一个都用保鲜膜包裹起来，装入密封袋冷冻储存。密封袋中的空气要全部排出去。食用时，放在常温中解冻。在 2~4 周内吃完。

小建议

包子也可以这样冷冻。布丁不适合冷冻。

完全解冻后再拿掉保鲜膜。

保鲜膜

密封袋

▼冷冻储存的诀窍参考 P212

Check!

善用干货

裙带菜

裙带菜干泡发后，重量会变成原来的 10~12 倍。先用足量的水将其泡发，挤干水分后再使用。也可以将菜干直接放入味噌汤或米饭上。

羊栖菜

羊栖菜干泡发后，重量会变成原来的 7~10 倍。先用足量的水将其泡发，然后放入沥水篮中清洗干净。如果使用热水，10 分钟就泡好了。使用前一定要沥干水分。

冷冻、解冻的诀窍

将食物储存在冷冻室中是一个非常方便的储存方法。
只要掌握窍门，灵活运用，就可以避免浪费，让食材物尽其用。

冷冻的诀窍

在食材还新鲜的时候，用保鲜膜包裹住，或装入冷冻专用的密封袋，放入冷冻室储存。一些小诀窍可以影响冷冻时间和食材风味，掌握下面 4 个重点吧。

重点❶ 趁新鲜　在干燥、口感下降之前冷冻非常重要。新鲜的食材要尽快冷冻储存。

重点❷ 排出空气　将保鲜膜和食物紧密贴合。使用冷冻专用的密封袋时，也要尽量将空气排出去，以防食物氧化或结霜。

重点❸ 分装成扁平状　将食物弄成扁平状有助于在短时间内快速均匀地冷冻。热的食物要冷却后再冷冻。另外，如果分装冷冻，使用时就可以只解冻所需的量。

重点❹ 尽早食用　虽说是冷冻储存，但超过 4 周的话，口感就会下降，还是要尽快食用。可以写上冷冻的日期，以免忘记。

可用于冷冻储存的工具

保鲜膜
确认耐冷、耐热温度以及可否用于微波炉后再使用。可以和食物紧密贴合。

冷冻专用密封袋
带拉链、可封口的冷冻储存专用密封袋。优点在于可以把食物弄成扁平状。

冷冻专用保鲜盒
盖上盖子密封，可以储存液态的食物等。有些保鲜盒也可以用于微波炉。

标签贴纸
可以将冷冻的日期、最晚食用的日期等写在上面，然后贴在保鲜盒或密封袋上。

锡纸
鱼肉、猪肉等含脂肪的食物容易氧化，最好用保鲜膜和锡纸包裹两层。

金属托盘
导热性好，经常用来快速冷冻食物。装食物时，先在上面铺一层保鲜膜。

解冻的诀窍

不同的食材，不同的冷冻方法，采用的解冻方法也有所不同。采用合适的解冻方法，才是减少浪费、让食物更美味的秘诀。

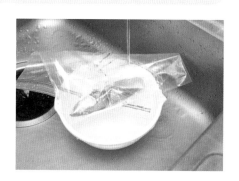

自然解冻　在常温下或冷藏室内解冻。两者相较，在常温下解冻虽然更快，但夏天的时候，食物容易腐坏。

用水解冻　将食材放入密封袋内，放入水中或者对着流水解冻。请将密封袋封口，以免水进入袋中。

微波炉解冻　利用微波炉的解冻功能解冻。有些食材，比如米饭和面类，不用解冻，直接加热即可。

不解冻　冷冻前已经处理好的绿叶蔬菜、贝类等，不需要解冻，可以直接烹饪。

小建议

解冻之后立即使用，最好不要再次冷冻。

可用于微波炉烹调的工具

微波炉硅油纸
只要将食材放在硅油纸上，加热即可。硅油纸一定要选微波炉可用的，可以做微波炉烤鱼、微波炉烤蔬菜等。

保鲜盒
耐高温、耐低温的容器。既可以用于冷藏食材，又可以用于微波炉加热或烹饪。

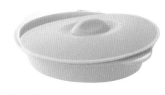

硅胶蒸盒
耐高温、耐低温的硅胶容器。可以将蔬菜、肉类等放在里面，用微波炉蒸熟。

微波炉料理碗
适合用来制作 1 人份的菜。带有盒盖，也可以将食材装在里面，储存在冷藏室。吃的时候，用微波炉加热即可。

微波炉蒸菜碗
可以用来蒸烧卖、包子等。几分钟即可出炉，如果量少的话，比普通的蒸笼要快很多。

基础烹饪

米饭的煮法

准备工作做好，让米饭粒粒饱满

香软米饭的煮法

希望每天都可以煮出香软饱满的米饭。有了电饭锅，谁都可以轻松地将米饭煮熟。
但是，还是要重视煮前的准备工作，比如精确地称量、轻柔地淘洗，以及吸收充足的水分等。

称量大米时，请使用专用的量杯。

1 称量大米
用电饭锅配套的量杯（180ml）盛取大米，用手指或筷子将表面抹平。

2 快速浸入水中
将大米倒入沥水篮，然后快速浸入盛着水的大盆中，摇晃着将水沥干净。

重点

● 大米要精确称量、轻柔淘洗

● 让大米充分吸水后再煮

● 米饭煮完后，立即分装，冷冻储存

3 用手揉搓着淘洗
将大米和水都倒入大盆，然后用指腹轻轻揉搓。接着换水继续淘洗。

4 反复上一步直至水变得清透
反复做 3~4 次第 3 步，直至水变得清透。

5 沥干水分
将大米重新倒入沥水篮，沥干水分。

6 让大米吸水
将电饭锅放在平面上，加水至相应的刻度。静置 30 分钟以上，让大米充分吸收水分。

查看电饭锅使用说明。

小建议 💡

焖的时间太长，会导致米饭黏在锅中，要多加注意。搅拌的时候，要用饭勺划拉米饭，注意不要把米饭压碎。

7 开始煮

选择煮饭模式，按下按钮后开始煮。

8 焖一会儿再搅拌

煮完后先不要打开锅盖，焖 10 分钟左右，再从下往上搅动米饭。电饭锅不同，焖的时间也不同，可视情况而定。

● 吸水时间的标准

根据季节，调整浸泡在水中的时间。

春、秋：40~60 分钟

夏：30~40 分钟

冬：1~2 小时

● 免洗米的煮法

免洗米是指不用淘洗也可以煮的米。因为已经事先去除了造成生臭味的米糠，所以只要用清水快速冲洗一下即可。煮免洗米的时候，需要加比普通米更多的水。如果使用的是专用量杯，就按照平时的用水标准来。

❶ 称量大米，用清水快速冲洗一遍。

❷ 加入比普通大米更多（1~2 大勺左右）的水。

❸ 等大米吸收了充足的水分后，开始煮。煮完后先焖一会儿再搅拌。

剩饭的储存方法

煮的饭刚好够吃是最理想的状态。但事实上，米饭经常会剩下。如果刚煮熟时就发现当天吃不完，立即将多出来的米饭冷冻储存。

做成饭团，肚子有点饿的时候可食用。也可以用来烤饭团。

小建议 💡

冷冻储存的时候，可以使用专用的储存容器。大小刚好可以装 1 人份的米饭，且盒盖上还带有蒸汽阀，可以直接用微波炉加热。

将刚煮好的米饭冷冻储存

趁热将米饭分成小份（150g，1 餐份），用保鲜膜包裹，然后将米饭摊平或整理成方块状更方便储存。放入冷冻室，可以储存 3~4 周。吃的时候，无须解冻，直接用微波炉加热 3 分钟即可。

也可以在电饭锅内保温

如果当天还会吃，可以将剩余的米饭放在电饭锅里保温。为了防止其变干，应尽可能地将米饭聚拢到中间。

基础烹饪

味噌汤的做法

是高汤精髓

重点

● 高汤要慢慢熬制

● 高汤和味噌汤都不能煮得咕嘟咕嘟响

● 蔬菜和干货是制作味噌汤的常用食材

基本的高汤煮法

高汤是味噌汤、炖菜等料理的基底。学会如何熬制之后，你就会发现其实并不难。好好熬制高汤，让菜肴变得更加美味吧。可以在冷藏室储存 2~3 天。

木鱼花

可以在沥水篮、或过滤器上铺一层厨房纸。

1 加入木鱼花
准备 3 杯水和 20g 木鱼花，依次放入锅中。

2 煮开
煮开后关火，用汤勺撇出浮沫。注意不要让其沸腾得太厉害。

3 用沥水篮等过滤
将沥水篮或过滤器架在大盆上，进行过滤。不要拧，以免混入杂味。

海带

海带千万不要煮沸。

1 擦拭海带
准备 3 杯水和 10~15g 海带。用湿毛巾快速擦一下海带表面，去除污垢。

2 浸泡在水中
将海带和水依次放入锅中，浸泡至少 30 分钟，然后开中火煮。也可以开小火慢慢熬制。

3 取出海带
当出现细小的浮沫，并开始沸腾时，将海带取出来，以免汤汁变得黏腻或产生奇怪的味道。

小鱼干

不要煮沸，以免产生腥味。

1 去除头部和内脏
准备 3 杯水和 20g 小鱼干。为了不留下腥味，去除头部，然后握住腹部去除内脏。

2 浸泡在水中
将小鱼干和水依次放入锅中，浸泡至少 30 分钟，然后开火煮。

3 慢慢熬制
沸腾前转小火，撇去浮沫。煮大约 10 分钟后，用沥水篮或厨房纸过滤。

味噌汤的制作方法

味噌汤是日本人餐桌上不可或缺的一道菜。它可以搭配各种食材，有助于均衡地摄取营养。采用时令食材，丰富每天的餐桌吧。

材料（2人份）

裙带菜干1大勺、南豆腐100g、
高汤2杯、味噌2大勺。

1 用水泡发裙带菜干

将裙带菜干和水放入小碗中，
静置5分钟左右。

2 将豆腐切成小块

将豆腐放在手心，切成小块。
也可以放在砧板上切。

3 加热高汤，放入豆腐

将高汤放入锅中，开火煮至沸
腾后，放入豆腐。

4 放入味噌，使其溶解

再次沸腾后，转小火。用汤勺
舀取味噌，放入锅中，同时用长筷
子搅拌使其快速溶于高汤。

> 味噌汤不要煮沸，不然会有损风味。

5 放入裙带菜

裙带菜沥干水分，放入锅中，
开大火煮。快沸腾时，关火。

味噌汤中的各种食材

味噌汤中可以加入时令蔬菜和干货。不仅简便，还有助于补充膳食纤维、维生素和矿物质等。除此之外，蚬贝等贝类、油豆腐、豆腐等也都是常用食材。

薯类

土豆、红薯、芋头等，可以先放入水中煮。

韭菜、豆芽

可快速煮熟。在水沸腾之后再放入，这样煮出来会比较清脆。

卷心菜、萝卜

卷心菜、萝卜等家常蔬菜放入味噌汤中，可以增添蔬菜的鲜美，让味道更加浓郁。

冷冻菠菜

将菠菜等冷冻蔬菜直接放入味噌汤中即可。省时省力，非常方便。

面筋

提前用水泡发，沥干水分后再使用。全年都能使用，非常方便。

裙带菜

裙带菜等海藻类的干货可以常温储存，用起来很方便。泡发后再使用。

基础烹饪

菜谱用语Q&A

看似知道，实则不懂

重点

- 记住用量标准，掌握感觉
- 根据食材和厨具，调整调料
- 可根据自己的喜好调整调味

Q：适量是多少？

A：合口味以及适合厨具的量。

也就是"正好的量"，尝味道时觉得好吃的量。油的用量，则要根据平底锅的大小来定。

炒菜用油的"适量"
在锅底薄薄地涂一层即可。不同的菜，不同的食材，所需的用量也会有所不同。

油炸用油的"适量"
高出平底锅锅底 5mm~1cm，或是能盖过一半的食材。

Q：半没过是多少？

A：食材从水中露出来一点点。

"半没过"指的是将食材放在锅中水煮时需要加入的冷水、热水的量，或者做炖菜时需要加入的高汤的量。除了"半没过"之外，还有"没过""充足"。

不要让食材全都没入水中。

半没过
将食材平铺在锅中，加水至食材的上部，食材稍微露出水面。

刚好没过
将食材平铺在锅中，加水至食材的上部，食材刚好没入水中。

Q：快速是多快？

A：非常快，过一下即可。

为了突显食材的口感或颜色，有时候需要非常快速地过一下火。这时就会用到这个词语。水煮青菜或炒菜时，也经常使用。

菠菜、小松菜煮10~20 秒即可。

快速水煮
根据食材，水煮几秒至 1 分钟不等。将水煮沸后，加入蔬菜。等开始再次沸腾时，快速捞出。

快速翻炒
用大火快速爆炒。待所有食材都包裹上油和调料后，关火。

Q：如何沥干水分、拧干水分？

A：去除食材中的水分。

食材洗过或水煮过后，必须将上面的水分清除干净。否则会让味道变淡，或者黏在一起，影响口感。

 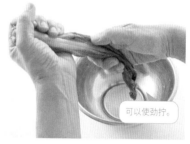

可以使劲拧。

沥干水分
将菜放入沥水篮中，自然沥干。如果要擦干水，用厨房纸轻轻擦拭。

拧干水分
菠菜等青菜水煮过后，将根部对齐握住，用力拧干水分。

Q：如何收汁？

A：将汤汁熬浓。

炖菜或炒菜时，将剩下的汤汁熬至没有。汤汁变浓后，会更好地包裹在食材上。因为用大火煮容易烧焦，所以熬煮过程中请时刻注意锅里的情况。

小建议
一定要时刻注意锅里的情况。轻轻摇晃锅，可以加快水分的蒸发，但要防止烧焦。

第
5
章

烹饪的基本

Q：如何将2人份的食谱做成4人份？

A：食材加倍，调料酌情调整。

食材需要按照人数加倍，但调料和油如果也加倍，就太多了，需要酌情调整。调料先比2人份的时候多加点，然后一边尝味道一边添加。油的用量则根据厨具的大小来定。如果平底锅的尺寸不变，那么4人份和2人份的用油量也可以保持不变。

调料稍微多放点即可。

用油量根据厨具大小来定。

厨具的护理

餐具
从轻到重，高效去污

基础的清洗方法

事实上，需要使用洗涤剂清洗的污垢只有极少的一部分。我们应根据污垢的种类、量和程度，有序地开展清洁工作。那么，先掌握普通餐具的清洗方法吧。

需要准备的东西

用于清洁餐具的海绵擦、锅刷、钢丝球、刮铲、报纸、洗洁精

确认待洗餐具的情况

确认餐具的材质、污垢的程度之后，拿到水池边清洗。将污垢进行分类后再清洗，会方便很多。

1 清洗前先处理一遍

油污先用报纸或刮铲擦掉。酱油等用清水冲掉。饭粒用水浸泡片刻。

2 先洗油污较少的餐具

将洗洁精倒在海绵擦上，挤出泡沫，然后清洗杯子等油分较少的餐具。

3 用流水将污垢冲洗掉

打开水龙头，将污垢冲洗掉。用流水冲洗可以节省时间。同时，将还没有洗的餐具放入盆中，这样流水就可以将它们浸泡起来。

4 放入沥水架

为了提高沥水效率，将形状或尺寸相似的餐具一起冲洗，然后放入沥水架。

重点

● 使用适量的洗涤剂和水清洗

● 根据餐具的材质，选择合适的清洗方法

● 充分干燥后再收起来

Check!

减少洗洁精的用量，省时又节水

日本食品卫生法中对洗洁精的用量设定了一个基准，即"1L 水使用 0.75ml 洗洁精"。这个比例设置意外地小。按压式的洗洁精，按压一次出来的量正好是 1ml，大部分污垢只需要按压一次就可以清除了。当然，这也要看污垢的程度。总之，洗洁精的用量如果少的话，用水冲洗的时间和水量也会相应地减少。所以这样不仅可以减轻家务负担，还能减少每个月的生活支出。

玻璃杯

用洗洁精清洗

和其他餐具一起清洗时，先洗油污少且易碎的玻璃杯。

用柠檬酸清洗（1 个月 1 次）

柠檬酸可以去除水垢，玻璃表面会变得干净明亮。

茶杯、茶壶

用盐摩擦

如果茶杯和茶壶上出现了明显的茶渍，就涂上盐，用手指摩擦。

碗

1 用水浸泡

在冷水（或热水）中浸泡 5 分钟左右后，沾在碗上的米粒就会自然掉落。

2 清洗背面及碗底

基本上不用洗洁精也可以清洗干净。洗完后不要忘了碗的外侧和碗底，这些地方意外地很容易脏。

也可以使用小苏打

将水、小苏打和茶杯放入锅中，开火煮至沸腾后关火，静置 30 分钟。最后将茶杯取出。

漆器

1 用洗洁精清洗

用洗洁精、柔软的海绵擦以及温水轻轻擦洗。

2 洗完后立即擦干

比起自然干燥，洗完后立即用抹布擦干可以更好地保护漆器。

磨泥器、沥水篮

用锅刷或刷子刷

表面粗糙的磨泥器和沥水篮可以使用锅刷或刷子清洗。

筷子

用洗洁精清洗

用完后立即用洗洁精清洗干净。过水后晾干。

蒸笼

快速清洗、过水

使用少量的洗洁精，快速清洗干净。然后放在通风良好的地方充分晾干。

也可以使用牙刷

细小的部位，可以用牙刷清洁。

厨具的护理

烹饪用具

护理得当，可延长使用寿命

平底锅 [氟树脂涂层]

用洗洁精清洗

待余热退去之后，用洗洁精和海绵擦轻轻擦洗并过水，注意不要损伤表面。

铸铁平底锅

巧妙地利用余热

做完菜后，趁锅内的余热还未散去，用钢丝球快速清洗干净。基本上不用洗洁精。

锅内的焦渍

1 在锅中依次加入水和小苏打

加水至焦渍处，然后放入2大勺小苏打（铝锅遇到小苏打会变色，所以不用）。

2 煮沸冷却

开火将水煮沸，10分钟后关火。待其冷却后用海绵擦清洗。换用柠檬酸，加热至沸腾，也可获得相同的效果。

水壶的焦渍

用去污粉刷干净

水壶侧面的焦渍，可以用去污粉刷。用海绵擦硬的一面轻轻一擦，就会脱落。

小建议 💡
铁锅可以通过"干烧"，让焦渍变得更焦，然后用刮铲将其刮下来即可。

木质砧板

用粗盐刷一遍，再用热水冲洗干净

用盐和锅刷刷一遍，然后用热水冲洗干净。洗洁精会被吸收，尽量不要用。

塑料砧板

平时用洗洁精，出现霉斑时用漂白剂

用洗洁精清洗。如果长霉斑了，就将氯系漂白剂喷洒在上面或湿敷，杀菌消毒。

重点

● 针对顽固污渍，让它『浮起来后』再去除

● 不要对污垢放任不管，让它变为顽固污垢

● 在做菜的间隙，高效地清洗

电饭锅

半年 1 次

1 用抹布擦拭
用热水浸湿抹布，拧干后，快速擦拭整个电饭锅。

2 将可水洗的部分拆下来
将可以水洗的内胆、蒸汽口等拆下来，用热水清洗干净。等彻底晾干后再装回去。

3 细小部位用棉签清理
锅盖周围的细小部位可以用消毒酒精和棉签清理。

微波炉

1 周 1 次

  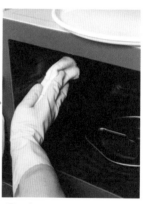

1 用碳酸氢三钠溶液浸湿毛巾
将干净的薄毛巾浸泡在浓度为 5% 左右的碳酸氢三钠溶液中，然后拧干。

2 利用蒸汽软化污垢
将毛巾放在微波炉中加热 1 分钟左右，使内部充满蒸汽。

3 擦拭内部和外围
将转盘拆下来，然后用温热的毛巾擦拭微波炉的内部和外围。因为很烫，要戴好橡胶手套。

Check!

通过细致的打扫，防止微波炉周围出现蟑螂

微波炉背面和底部容易滋生蟑螂。建议每年都细致地打扫 1 次微波炉及其周围。

烤箱

1周1次

1 将接盘等拿出来
将带有焦渍的接盘、烤网拿出来，用去污粉将焦渍刷掉。

2 擦拭内部
将碳酸氢三钠溶液喷洒在抹布上，擦拭烤箱内部。

3 清理玻璃部分的污垢
烤焦的玻璃部分的污垢也要清理。可以使用带去污粉的百洁丝。

料理机、搅拌机

随时

小建议
绞过肉之后，最好用氧系漂白剂清洗一下，做好除菌工作。

1 用刷子清理刀头
杯体用洗洁精清洗，刀头的部分用配套的刷子或牙刷清理。清理时小心刀刃。

2 细小部位用棉签处理
用沾了少量消毒酒精的棉签清理开关等细小部位的污垢。

咖啡机

1个月1次

1 装入柠檬酸溶液，开机运行
将浓度为 5% 左右的柠檬酸溶液注入水箱，然后装上除了过滤器之外的所有配件，按下开关键。

2 暂停静置 30 分钟
运转到一半的时候，关掉电源，静置 30 分钟左右。然后继续开机运转。

3 细小部位用棉签处理
将水注入水箱，运转 2~3 次，冲洗干净。细小部位用棉签清理。

电热水壶

1个月1次

使用工具
- 柠檬酸
- 消毒酒精
- 海绵擦
- 棉签
- 抹布

1 将柠檬酸溶液煮沸
加水至最高水位，倒入1小勺柠檬酸，然后将水煮开，保温2小时左右。

2 用海绵擦清洗
倒掉热水后用柔软的海绵擦刷干净。再一次加水煮开，冲洗干净。

3 用棉签去除水垢
用清水擦拭整个电水壶。然后用蘸取了消毒酒精的棉签擦去水垢或手印。

洗碗机

1个月1次

使用工具
- 消毒酒精
- 抹布
- 牙刷

剩菜滤网用过后立即清洗。

1 拆掉篮筐，擦拭内部
根据使用说明书，拆掉配套的篮筐，然后用消毒酒精擦拭内部。

2 注意细小部位的滑腻
篮筐的轨道部分、排水口以及剩菜滤网处容易产生滑腻，请用牙刷将这些地方刷干净。

小建议
机器周围也很容易脏，用喷洒了消毒酒精的一次性抹布擦拭一遍。

第**5**章

烹饪的基本

小妙招 👍

用柠檬酸去除水垢

柠檬酸在去水垢方面非常厉害。如果是用于厨房，那最好选用可食用的类型。柠檬酸容易吸水，必须密封保存。另外，也要注意不过度使用，以防生锈。

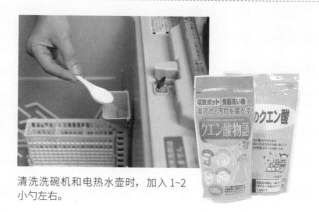

清洗洗碗机和电热水壶时，加入1~2小勺左右。

勤清理

冰箱

冰箱

随时
（肉类保鲜箱、
鸡蛋架、果蔬箱）
/1~3 个月 1 次

小建议
消毒酒精不仅能消
毒，还能有效清洁。

打扫工具随时待命

清理冰箱的最佳时间是里边的东西变少时，比如
购物前。随时准备厨房纸和消毒酒精，以便能够
快速打扫。

重点

随时清理，保持卫生
快速清理，以减少对食物的影响
果蔬箱容易成为杂菌的温床，需要注意

使用工具
• 消毒酒精
• 洗洁精
• 牙刷
• 厨房纸
• 海绵擦
• 吸尘器

冰箱内的架子

1 用洗洁精清洗
将食物拿出来，拆下所有能拆的
搁架，放到水池边。用洗洁精清洗干
净，等完全晾干后，再装回去。

2 擦拭无法拆下的搁架
无法拆下的搁架，就在上面喷洒
消毒酒精，然后用厨房纸擦拭干净，
同时除菌。

Check!

自动制冰装置是水垢和霉菌的温床

给水盒的部分，如果疏于打扫，
就有可能滋生霉菌和酵母。建
议 1 周打扫 1 次。特别是当使
用不含氯的矿泉水制冰时，更
容易受到污染，需要注意。

如果使用市售的着色柠檬酸洗涤剂，只要
制冰，就可以清理看不见的装置内部。其
成分是天然材料柠檬酸，可以放心使用。

门搁架

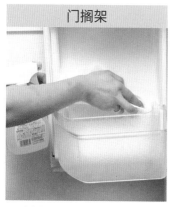

开关冰箱的时候，温度容易上升。能拆下来的部分用洗洁精清洗，不能拆下来的部分用消毒酒精擦拭。

肉类保鲜箱和鸡蛋架

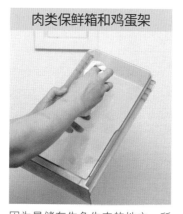

因为是储存生鱼生肉的地方，所以引起食物中毒的风险很大。请平时多用消毒酒精全方位擦拭。

果蔬箱

设定温度较高，细菌数量也是最多的。可以多用消毒酒精擦拭。

冷冻室

制冰盒、搁架等，能拆下来的都拆下来，用洗洁精清洗。不能拆下来的部分用消毒酒精快速擦拭。

门把手部分以及抽屉的密封条

1 用消毒酒精擦拭
门把手部分有手印，要经常用消毒酒精擦拭。抽屉也同样。

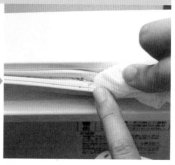

2 擦拭密封条沟槽里的污垢
在牙刷头上卷一层厨房纸，然后蘸取消毒酒精将沟槽里的污垢擦拭干净。

接水盘

1 将外壳拆下来
将外壳往身前一拉，即可拆下来。然后将接水盘拉出来，用洗洁精清洗。

2 吸掉底部的灰尘
冰箱底部容易堆积灰尘，需要经常用吸尘器清理。

顶部、背面

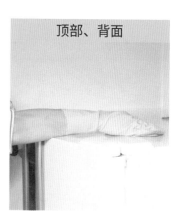

细小的灰尘和油烟容易附着在这些地方。如果置之不理，会对冷藏功能和耗电量产生影响，要经常擦拭。

边打扫边除菌

储物柜、垃圾桶

重点

边打扫边除菌

同时去除水溶性污垢和油性污垢

分区域打扫，可以减轻每次打扫的负担

吊柜

3个月1次、

使用工具
- 中性洗涤剂
- 消毒酒精
- 弱碱性洗涤剂
- 碳酸氢三钠溶液
- 抹布

1 将柜子里的餐具都拿出来
将里面的餐具都拿出来。可以一次性全部拿出来，也可以一层一层来。

2 擦拭架子
很多地方都沾有油烟污渍和灰尘。先用中性洗涤剂擦拭一遍，再用消毒酒精擦拭，有效除菌、除臭。

3 不要忘了外侧的清洁
外侧也会被油烟弄脏，用弱碱性洗涤剂或碳酸氢三钠溶液擦拭。

小建议
如果使用了收纳盒，连带着收纳盒也一起清理一下。

保持干净的
小妙招

油性污垢和水溶性污垢都可以用消毒酒精去除

厨房的污垢性质复杂，无法用一般的方法清除。这时候，就轮到消毒酒精登场了，它既能去除油性污垢，也能去除水溶性污垢。为厨房周边除菌的同时，也为抹布除菌，消除异味。使用时要小心厨具等外层漆体的脱落。

市售的以酒精为主要成分的洗涤剂具有较高的通用性，可以用来打扫整个厨房。

食物柜

3 个月 1 次

使用工具

- 消毒酒精
- 吸尘器
- 抹布

1 用吸尘器吸
将里面的东西全都拿出来，然后用吸尘器把灰尘和撒出来的食材都吸干净。

2 用消毒酒精擦拭
用喷洒了消毒酒精的抹布擦拭，不放过每个角落。

小建议
食物柜里经常出现蛀虫、螨虫。而螨虫会造成严重的过敏反应，务必严加防范。

垃圾桶

1 个月 1 次

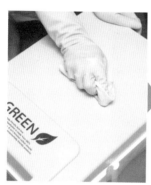

1 擦拭盖子和外侧
盖子和外侧容易被油烟和灰尘弄脏，建议用中性洗涤剂或消毒酒精擦拭。

2 能洗的用清水洗
塑料制的垃圾桶内部，可以用少量的水和中性洗涤剂擦拭。

3 最后用消毒酒精擦拭一遍
不能水洗的材料，先用中性洗涤剂擦拭一遍，再喷洒消毒酒精。

小妙招

用除臭产品消除垃圾桶的臭味

只要使用贴在垃圾桶盖子背面的除臭剂，就可以解决厨余垃圾带来的臭味问题。经常喷洒消毒酒精，也有助于防止臭味的产生。市面上还有具备驱蝇效果的除臭剂。除臭喷雾也很有效。

也可以贴在非厨余垃圾桶上，驱除蟑螂和蚂蚁。

使用工具

- 中性洗涤剂
- 消毒酒精
- 抹布

第 **5** 章

烹饪的基本

必须掌握的扔垃圾方法

◆扔垃圾的基本◆

垃圾一般是由社区进行统一回收处理的，而且每个省市及社区的垃圾分类规则可能有所不同。
如果刚搬家，不太了解，请具体咨询社区，严格遵守扔垃圾的各项规定。

清空容器
罐头、洗涤剂、喷雾等要清空后再扔掉。否则会妨碍回收利用，或者在处理的过程中引发爆炸。

按照规则分类
按照各个社区的规定进行垃圾分类。搬家的时候，务必确认之后再扔垃圾。

当日垃圾当日处理
遵守当日垃圾当日处理的原则，避免垃圾堆积，或因为腐败而散发恶臭味。

◆扔垃圾的方法◆

厨余垃圾

 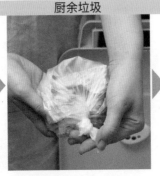 

1 将水分去除干净
将水分去除干净。可以包在报纸、传单或不需要的杂志等中扔掉。

2 密封后扔
一点一点，少量多次地装入塑料袋中，密封后再扔掉。

3 用消毒酒精
每次放入大垃圾袋时，都要喷洒消毒酒精，防止异味。

油炸油

作为厨余垃圾扔掉
用报纸或旧布将油吸掉，或者使用市面上卖的废油处理剂，使其凝固之后再扔掉。

喷雾罐

用光后再扔
用完后再扔掉。建议开孔后再扔掉。

垃圾袋的收纳

收纳在容易拿取的地方
放在垃圾桶附近，随时准备使用。竖着收纳在抽屉里的话，不仅可以很快取出，还很美观整洁。

第 **6** 章
防灾、防盗以及
避免意外的基本

防灾用品

家庭常备，以防万一

平时尽可能随身携带这些东西

灾难不一定只发生在家中。公司、学校、娱乐场所等也可能发生灾难，因此除了手机、钱包、家门钥匙、车钥匙等平时总是随身携带的物品外，还要携带以下❶❷❹的物品。

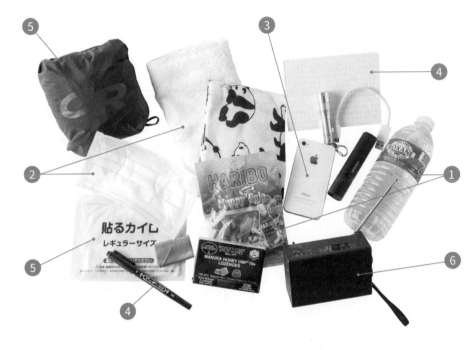

重点

● 尽可能随身携带最少限度的物品

● 定期检查备用品

● 一边消耗，一边准备新的

❶ 饮用水、食物

尽可能随身携带饮用水。除了喝之外，还能用来洗手。硬糖、软糖、固态蜂蜜等能存放很久的能量源也要常备包中。

❷ 毛巾、口罩等卫生用品

毛巾可以用来止血，尽可能携带稍微大一点的。口罩、纸巾、生理用品、创可贴最好也放一点。如果身体有慢性病，则再带 3 天份的药。如果有婴幼儿，还要带上纸尿裤。

❸ 备用手机

虽然在紧急情况下，可能会没信号。但可以把备用手机当作手电筒和手表来使用。充电宝也要随身携带。

❹ 笔记本等记录用品

油性笔、笔记本等。遇到紧急情况时，可以用来留言或记笔记等。

❺ 雨具、保温物品

轻盈的雨衣还可以防寒，非常方便。如果车里有暖宝宝，以及紧急救生毯（铝膜睡袋等），那被迫住在车里的时候，就不会慌张了。也可以用垃圾袋代替。

❻ 便携式收音机、小手电筒

手动式收音机和太阳能充电收音机还可以给手机充电，一举两得。夜行时离不开手电筒，将小手电筒挂在钥匙圈上，就不容易丢了。哨子也放在一起。

第一次携带的必需防灾用品

按照紧急避难时需要带到外面去且暂时无法回家的标准来准备。下面就来介绍一下除了头盔、打火机、蜡烛以外的东西。

① 贵重物品

身份证、各类证书、印章、存折、银行卡、现金等。

② 应急食品

八宝粥、罐头等打开就能吃的食物。筷子、勺子等也要放在一起。

③ 衣服

冬天（从入秋后到早春期间）必须携带防寒用具。袜子也要准备。

④ 卫生用品

牙刷、牙膏、香皂、湿巾、驱虫剂、保湿剂、膏药和便携式马桶等。

⑤ 简易炉子、备用燃料

既可以用来烧水做饭，也可以加热应急食品等。如果有户外用品，也可以拿来使用。

⑥ 密封袋、保鲜膜

既可以用来做餐具，又可以用来为身体和行李挡雨等，用途繁多。密封袋建议多准备一点，尺寸可以多样。

⑦ 电池、充电器

可以多准备几个，给手电筒充电。除了智能手机的充电器外，充电宝也要记得带上。

Check!

需要特别准备的防灾物品

如果有小孩，或是有食物过敏、糖尿病等身体问题，就需要根据具体情况，准备其他的必需物品。

备用眼镜、隐形眼镜（护理液）、常备药（正在服用的药品一览表）、成人用纸尿裤、假牙清洗剂等。

如果有婴儿

奶粉、奶瓶、婴儿食物、婴儿背带、纸尿裤和婴儿湿巾等。

第 **6** 章

防灾、防盗以及避免意外的基本

233

第二次携带的必需防灾用品

紧急避难后，如果能暂时回趟家，那么就可以把这一批物资带出去。准备好以下这些可以发挥大作用的物品吧。

睡袋等寝具

最好是暖和又容易携带的寝具。户外用品是最佳选择。

储备食物

以提供能量为主的食物，至少准备 3 天的量。

应急饮用水

以 1 人 1 天喝 3L 为标准，至少准备 3 天的量，最好准备 1 周的量。

简易的餐具

准备好不易碎的餐具，并确保全家人都够用。

简易马桶

为了卫生，必须准备的东西。厕纸也要准备。

多功能物品

报纸或大垃圾袋等，只要有一种，就可以解决各种各样的问题。收纳空间和避难背包的空间都是有限的，尽可能准备一些多功能的物品。

包袱布、报纸

保鲜膜、锡纸

45L 的垃圾袋

橡胶胶带

消毒酒精

塑料布

手动太阳能收音机

多功能钥匙夹

紧急救生毯

Check!

生活演练

灾难无法预测，随时都可能降临。那么，何不在风平浪静的日常生活中保持警惕，为有可能到来的"万一"做好准备呢？

比如，在浴缸里存满水；同时用燃气和电力来供热；设置灭火器等。

长期避难所需的物品

发生灾难时，物资的流通往往会陷入停滞的状态。因此，从平日起就开始准备保质期较长的食物吧。除了米、面等提供能量的主食之外，补充膳食纤维、维生素等也非常重要。

果干等甜食

在连续不断的紧张氛围中，甜食可以舒缓人的心情。果干和谷类还可以补充营养。

蔬菜干、海藻干

冻干蔬菜、海苔等可以补充膳食纤维和矿物质。即食味噌汤也非常方便。

卡式炉、燃气罐

多囤几瓶燃气罐，方便替换。

挂面

能在最短时间内煮熟的食物。推荐细挂面等。

蔬果汁罐头

可以长期储存的蔬果汁罐头等。建议无法摄取蔬菜时使用。

罐头

符合家人口味的罐头。除了肉类罐头，也可以准备一些水果罐头。

软包装的粥

水分比较充足，身体不适时，容易入口。

茶

为了舒缓心情，可以准备一点茶和咖啡。

免洗米、即食食物

用水量较少，既可以节约用水，同时还能补充能量。

根茎类蔬菜

土豆、洋葱等根菜可以常温储存。在允许自己煮饭的情况下，它们可以提高饮食生活的质量。

可以常温储存的调料

酱油、醋、食用油和盐等。避难生活如果延长，就会需要各种调料。

推荐边用边囤的流动式储存法

一边消耗一边储备罐头、饮用水等灾难时会用到的食材。按照这种方法，就不会出现应急食品过期的情况，也不需要特意去检查，永远能够保持最新的状态。此外，如果平时也总是吃这些食物，那发生灾难时，在饮食方面就会比较放心。比起能够长期储存的食物，按照这种方法储存的食物种类更加多彩，营养也更加全面。

第 **6** 章 防灾、防盗以及避免意外的基本

让家里更安全

为地震提前做准备

重点

●布置家具的时候要预想一下地震的情况

●一切行动以人身安全为首

●和家人一起确认、分享避难所等

预防家具倒塌、掉落的措施

围绕睡眠期间的安全，思考一下家具的摆放位置和朝向。如果家具倒下来后会直击头部，那这种摆放方法肯定是有问题的。当家具挡在避难通道上时，也需要重新调整。

●让床或被褥远离容易倒塌的家具
为了防止在睡眠期间被压在家具下面，不要把床或被褥放在家具的正前方。

●易碎物、重物收纳在下方
特别是橱柜，不要把重物放在比视线更高的地方。这些地方可以用来收纳漆器等轻一点的餐具。

●大件家具最好固定住
为了防止倒塌，可以用 L 型固定夹或伸缩式固定夹将家具固定住。另外，摆放家具的时候也要注意，不能让它倒塌之后阻塞避难通道。

倒塌、掉落的注意重点

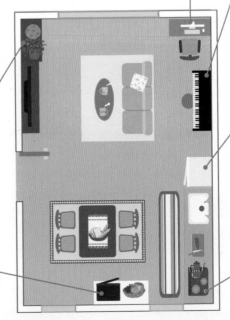

电视机、电脑
用固定器和防震凝胶垫防止显示屏倒塌。

钢琴
容易移动、倒塌，可安装专用的防倒固定件。

架子、柜子
收纳时重心往下，同时使用防倒塌板和伸缩棒。

冰箱
放置在不太容易发生移动、倒塌的地方。

微波炉
用专用的固定器防止其发生移动或掉落。

燃气灶
放置在不会有可燃物品掉下来的地方。

防止倒塌、掉落的 各 种 工 具

卧室、客厅、儿童房等逗留时间较长的房间，必须将防止家具倒塌、掉落放在第一位。
如果无法安装固定器，就使用伸缩棒等固定器具吧。

防倒塌链
用链子将家具和墙壁固定起来。也可使用防倒塌带。

防倒塌板
铺在家具正面的下方，防止倒塌。必须从一端铺到另一端。

L 型固定夹
1 件家具用 2 个相同的固定夹固定住。家具离墙壁越近，强度越高。

防震凝胶垫
用于电脑和电视机。但如果地板（桌面）不平整，就粘不住。

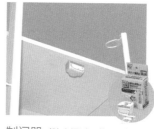

制门器（防止门过开的器具）
有粘贴式的、链子式的、螺丝固定钩和耐震插销等。

小建议

建议采用多种方法。

伸缩杆（预防家具倒塌）
在家具上端靠近墙壁的两侧各安装 1 个。家具离天花板越近，强度越高。

玻璃防爆膜
贴在玻璃两面，防止玻璃碎裂。

如果在家或公司时发生了地震

感觉到摇晃之后，能快速采取的行动非常有限。此时，最重要的是确保自身的安全。等摇晃暂停之后，再开始行动。

突然开始摇晃时……
行动要以确保安全为首要条件。可以躲在结实的桌子下，然后用附近的坐垫、抱枕、包等护住头部。

摇晃停止后……
如果正在用火，立即关火，并确保出口处畅通。考虑到可能会发生火灾，建筑物也可能会损坏，打开门或窗户。赤脚可能会受伤，因此在室内时也要穿上鞋子。

如果在外面遇到了地震

注意高空落物和火灾。用包等护住头部，快速前往宽敞的地方避难。为了无论在哪里遇到灾难都可以从容应对，请从平时起就有意识地进行模拟训练。

步行中	驾驶中	在电梯中
用包等物品护住头部，前往相对较新的大楼或尽可能宽敞的地方避难。	一边提醒四周的车子，一边慢慢减速，停在马路右侧。	按下所有楼层的按钮，开门后立即下电梯，从楼梯避难。
地下商场	海边、河边	在公交车或地铁上
远离摊位等，护住头部，等待摇晃停止。不要着急去地面上。	感受到摇晃后，不要等待海啸警报，立即前往高处避难。	远离窗边，抓住吊环或扶手，或是蹲下身体，用包等护住头部。

如果在步行回家时遇到了地震

这种时候你肯定想尽快回到家人身边，但如果装备不齐全或是身体不好，千万不要逞强。

● 一定要穿容易走路的衣服和鞋子。手上尽量不要拿东西。
● 一年四季都要带好水。
● 如果是晚上，建议先前往所在地区的避难所避难。

事先和家人达成共识

发生意外时，家人们未必都在一起。去哪里避难?怎么取得联系?这些都需要平时商量好，达成共识。如果可以，也要告诉不住在一起的家人。

避难通道

假设发生了大地震。那么从自己家里走到避难场所，大约需要多少时间?安全性又如何?提前确认这些信息。如果住在高层公寓，那么还需要掌握拿着行李从楼梯间走下来需要多长时间。

避难场所

整片区域因为地震等引发的火灾而陷入危险时，人们需要去避难场所避难。因为只要待在那里等火熄灭就可以了，所以基本上不用准备食物和水。一般而言，附近的公园、绿地和学校等公共场所会被指定为避难场所。

避难所

发生灾难时，一般会建立临时的避难所。在地震中房屋倒塌、烧毁或有这方面危险的家庭，需要去避难所生活一段时间。这些地方会提供饮用水、卫生间等。

临时集合场所

发生灾难时，附近的人会聚集到临时集合场所。大多为没有建筑物的公园。

二次避难所

在自己家里或避难所生活困难，需要看护的人，可以暂时住在二次避难所。如果家里有这样的家庭成员，提前确认离家最近的二次避难所。

联络地点、联系方式

由家人自行决定，达成一致。可以将住在远方的亲戚作为联络的中转站;如果没有发生火灾，房子没有倒塌，也可以在自己家里集合。

预防火灾

随时检查容易起火的地方

如果发生了火灾

最重要的是立即避难。虽然扑救初期火灾和报警也非常重要，但都抵不过性命。因此到了安全的地方之后再报警。

① 大声呼喊"着火了！"

发现起火后，立即呼喊通知周围的人。即便邻里之间不怎么往来，也一定要立刻通知邻居，敦促他们避难。

② 拨打 119

清晰明了地传达发生火灾的地址、自己的姓名以及周围的情况。

③ 在能力范围内初步灭火

如果火势还没到达天花板，可以试着趁早扑灭。但是单独行动很危险，请不要逞强。

重点

● 人命关天，先避难

● 烟蒂和炸过食物的油必须好好处理

● 安装火灾警报器，常备灭火器

常见的起火原因

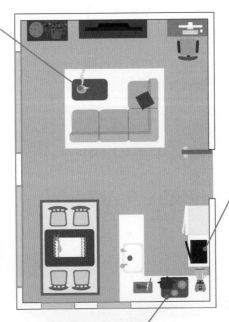

香烟

很多人因此遇难。引发火灾的主要原因是随意丢弃、残留的火星处理不当等。

家电产品

家电产品会因为各种不同的原因引发火灾。使用时，注意一切异常情况。

易燃物起火

晚上到黎明期间发生的概率较大。不要将易燃物放在住宅附近。

燃气灶

火星进入油里，引发火灾的案件最多。炸食物时的油到达 380℃的时候会自燃。

插座

插头的漏电现象（灰尘和湿气造成起火）经常引发火灾。

安装火灾警报器

火灾警报器会在感应到火灾造成的烟雾后发出警报。有"烟式"和"热式"两种。可以在家居中心、电器店、燃气公司等购买。它可能会被灰尘触发警报，需要定期清理。

安装场所

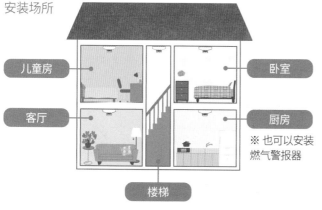

- 儿童房
- 卧室
- 客厅
- 厨房
  ※ 也可以安装燃气警报器
- 楼梯

安装方法

安装在不会受空调的风、热气等影响的地方。烟式警报器安装在离墙壁、房梁60cm 以上的天花板中央。热式警报器安装在离墙壁、房梁40cm 以上的天花板中央。

灭火器的种类

放在家里，可以扑救初期火灾。火灾可以分为木材、纸等燃烧引发的"普通火灾"，油、汽油等引发的"油火灾"，以及插座等电气设备引发的"电气火灾"。有的灭火器可以应对三种，有的则只能应对其中的一部分。

干粉灭火器

喷射时间为 15 秒左右。可用来扑救普通火灾、油火灾、电气火灾等初期火灾。能一下子扑灭火焰。

强化水灭火器

喷射时间为 20 秒左右。最适合用来扑灭火灾。不会被挡住视线，事后清理也很容易。

气溶胶式简易灭火器

喷射时间为 30 秒左右。优点是操作简单，分量轻。可用于厨房的灭火。

〈灭火器的使用方法〉

1 按住瓶体，拔出安全阀。

2 拿着喷管，朝向火源。

3 用力按下压把，开始灭火。

第 **6** 章 防灾、防盗以及避免意外的基本

防盗

打造一个不被小偷盯上的家

- 一个地方采取多种防盗措施
- 站在入侵者的视角上考虑防盗
- 窗户和门做到『1门2锁』

无人在家时的防盗措施

据说入室抢劫案件中有六成盗贼是从窗户进入的，有三成是从玄关、后门进入的。和入口处固定的公寓楼不同，独栋房屋的入侵路径有很多，一定要做好防盗措施。

铺设防盗砂石

在防盗砂石上走路时，会发出"喇啦喇啦"的高频音。如图所示，要铺设足够多的砂石（高度）。

开阔视线

用围墙将房子围起来，其实不利于防盗。如果要设置围墙的话，选择栅栏或格子状的围栏。除此之外，还要经常修理种植的植物，保持视野畅通。

安装感应灯

可以给人留下防盗意识强的印象。建议安装在后门口。

安装摄像头

有助于避免自己受到伤害，安装在显眼的地方。可以委托专业公司进行安装和管理。

容易被小偷盯上的房屋特征

容易被盯上的房子有很多相似点。比如，天黑之后屋里的灯不亮，按了门铃也无人应等等。总之经常无人在家的房子容易被盯上。假设自己是小偷，想想会怎么做。

视野不开阔的房子

外面越难看到里面，就越容易被盗。公寓楼顶楼的房子、楼廊尽头的房子尤其需要注意。

看上去很容易进去的房子

容易从窗户进入的房子、看上去没有防盗设备的房子等。

邻居不会帮忙留意的房子

因为不遵守扔垃圾规定等原因而邻里不和睦的地区，容易被盗。

玄关、后门的防盗措施

玄关和后门都是主要的入侵口。但是从"不容易被人看到"这一点来看,后门更容易被盯上,尤其需要注意。

防撬锁

撬锁是在没有钥匙的情况下,用钢丝状的特殊工具将锁打开的手法。为了让锁不容易被打开,将锁换成难以撬开的类型。

防撬门

撬门是用撬棍等强制将门撬开的手法。为了防止撬锁,可以采用长门闩;可以加装辅助锁,形成双重保险(如图);也可以换成朝内开的门。

防撬指旋锁

在门上开一个洞,然后用钢丝状的工具转动室内的开锁旋钮(指旋锁),打开锁。针对这种手法,可以安装加固金属板,使入侵者难以在门上开洞。

安装带监摄像头的对讲机

带摄像头的门铃可以有效地抑制犯罪,安装在显眼的地方。可以委托专业公司进行安装和管理。

窗户的防盗措施

窗户比玄关和后门更容易成为入侵口。安装非常明显的辅助锁,让入侵者明白房子里已经采取了防盗措施。

月牙锁 + 辅助锁

滑动窗的月牙锁最容易撬,一定要安装辅助锁,形成双重保险。这样一来,入侵就会变得很费事,让入侵者望而却步。

不要过度相信窗户栏杆和夹丝玻璃

窗户栏杆意外地很容易拆下来。而夹丝玻璃很容易碎裂。位于隐蔽处的窗户很容易被盯上,注意做好防护措施。

所有窗户都贴上防窥膜

一楼、二楼的窗户都要贴上防窥膜。这会给小偷一种要花很长时间才能进去的印象。比起防窥膜,防盗玻璃更有效。

避免紧急时刻陷入慌乱

避免疾病和意外

了解居住地附近的医疗机构

一定要了解居住地附近能够立即就医的诊所、普通医院或私立医院等，掌握它们离家的距离、诊疗内容以及营业时间等信息。除此之外，也必须提前了解周边有没有可以紧急入院或手术的大医院，比如专科医院等。只有这样，发生意外的时候才不会惊慌失措。

准备急救箱

家庭应常备感冒药、肠胃药、消毒用品、创可贴和绷带等常用药和卫生用品，以便需要之时能马上使用。另外，为了能随时使用，还需定期检查药物是否过期。

药的种类

· 处方药：需拿到医生开具的处方才能从药房或药店购买并要在医生的指导下使用的药物。

· 非处方药：不需要持有医生处方就可直接从药房或药店购买的药物，外包装上有 OTC 标志（安全性大，不良反应小）。

如何读懂药物包装

风险分类
根据药品品种、规格、适应症、剂量及给药途径不同，将药品分为处方药与非处方药。

功能、效果
适用的病症。

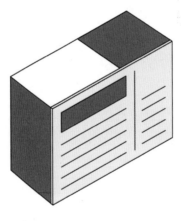

成分、分量
成分按照从多到少的顺序排列。

用法、用量
间隔多久服用一次，每次的用量。

保管以及使用时的注意点
记载着储存的方法、不适宜服用的人群、服用后的注意事项等。

使用期限
保存过久可能会失去药效，服前请先确认。

需要常备的药物、卫生用品

药物	卫生用品	医疗用具
内服药：解热镇痛剂、胃药、抗过敏药等 外敷药：消毒药、湿敷药、软膏、驱虫剂等	创可贴、绷带、棉签、脱脂棉、纱布、口罩等	体温计、小镊子、剪刀、冰袋等

救护车的呼叫方法

实在没办法自己去医院时，或其他紧急时刻，请尽快呼叫救护车。

① 拨打"120"或"999"，说明需要急救。

② 告知自己的所在地以及周边比较有代表性的地标。

③ 告知是突发疾病还是突发意外，告知姓名和电话号码。

吃药时要遵守服用方法、服用量
常备最基本的药物
了解附近的医院

专栏

生活中的 各 种 手 续

当生活环境发生改变时，需要办理各种手续。为了能够尽早完成手续变更，事先了解相关的服务机构和服务流程。

手续		内容	相关机构
五险一金		员工离职后，公司将不再继续为其缴纳五险一金	当地社保局
医保卡		变更医保定点医院等	当地社保局
生育津贴		申请生育津贴	当地社保局
出生、死亡		办理户口变更	新生儿户口办理须在父母户籍所在地的派出所；户口注销须在被注销人的户籍所在地
幼儿园		收集住处附近幼儿园的相关信息，准备入园申请	当地教育局
搬家	门禁卡	搬家当天	本人前往物业办理
	居住证	搬完家后尽快	本人前往附近派出所提交申请
	水、电、天然气	签订合约时要交割清楚	各相关单位，可以咨询社区
	网络	搬家前1周内联系	电信网络公司
	收件地址	变更各购物软件上的家庭住址，告知亲友或客户新住址	/

具体请咨询当地市民服务中心。

图书在版编目（ＣＩＰ）数据

家事大全 / (日) 藤原千秋编著；吴梦迪译. —— 南
京：江苏凤凰文艺出版社, 2022.7(2024.6 重印)
ISBN 978-7-5594-6379-1

Ⅰ.①家… Ⅱ.①藤… ②吴… Ⅲ.①家庭生活 – 基
本知识 Ⅳ.①TS976.3

中国版本图书馆CIP数据核字(2022)第081237号

――――――――――――――――――――――――――――――――

版权局著作权登记号：图字10-2022-47

家事大全

[日]藤原千秋 编著　　吴梦迪 译

责任编辑	王昕宁	
特约编辑	周晓晗 王　瑶	
责任印制	刘　巍	
出版发行	江苏凤凰文艺出版社	
	南京市中央路165号，邮编：210009	
网　　址	http:// www.jswenyi.com	
印　　刷	天津联城印刷有限公司	
开　　本	787毫米×1092毫米　1/16	
印　　张	16.75	
字　　数	170千字	
版　　次	2022年7月第1版	
印　　次	2024年6月第2次印刷	
书　　号	ISBN 978-7-5594-6379-1	
定　　价	88.00元	

江苏凤凰文艺版图书凡印刷、装订错误，可向出版社调换，联系电话025- 83280257

快读·慢活®

从出生到少女，到女人，再到成为妈妈，养育下一代，女性在每一个重要时期都需要知识、勇气与独立思考的能力。

"快读·慢活®"致力于陪伴女性终身成长，帮助新一代中国女性成长为更好的自己。从生活到职场，从美容护肤、运动健康到育儿、家庭教育、婚姻等各个维度，为中国女性提供全方位的知识支持，让生活更有趣，让育儿更轻松，让家庭生活更美好。